"十四五"职业教育国家规划教材

混凝土结构施工构造与BIM建模

（附混凝土结构施工图与BIM建模指导）

第二版

张宪江　主编

汪　洋　主审

化学工业出版社

·北京·

内 容 简 介

本书是"十四五"职业教育国家规划教材。本书依据最新《混凝土结构施工图平面整体表示方法制图规则和构造详图》（22G101）等系列国家建筑标准设计图集和《混凝土结构通用规范》（GB 55008—2021）编写，主要内容由校企"双元"开发，采用"单元模块＋学习项目＋学习任务"的内容体系，涵盖了基础、柱、梁、板、剪力墙及楼梯等结构构件的施工图识读、配筋构造及钢筋翻样技术，所学知识、技能与实际工程无缝对接，强化职业岗位核心能力的培养。

本书基于典型的实际工程案例（框架结构、剪力墙结构），对知识与技能点进行了优化、整合，以结构构件组织学习项目，便于教学组织；将平法识图、配筋构造与BIM及VR技术深度融合，立体、生动地呈现图纸信息和复杂节点的钢筋排布构造；开发了完整的MOOC在线教学资源、BIM及轻量化VR数字模型，以适应线上教学及自学需要，体现了党的二十大报告"推进教育数字化，建设全民终身学习的学习型社会、学习型大国"；增加了项目小结、自测与训练，便于学生掌握所学内容。同时，任务实施中融入了课程思政元素，培养依法依规、爱岗敬业、精益求精的工匠精神。

本书可作为高职院校建筑工程技术专业核心技能课的教材，也可供施工技术人员、工程监理人员、钢筋翻样人员借鉴与参考。

图书在版编目（CIP）数据

混凝土结构施工构造与 BIM 建模：附混凝土结构施工图与 BIM 建模指导/张宪江主编. —2 版. —北京：化学工业出版社，2023.7

"十四五"职业教育国家规划教材

ISBN 978-7-122-40744-3

Ⅰ. ①混…　Ⅱ. ①张…　Ⅲ. ①混凝土结构-混凝土施工-职业教育-教材②建筑设计-计算机辅助设计-应用软件-职业教育-教材　Ⅳ. ①TU755②TU201.4

中国版本图书馆 CIP 数据核字（2022）第 019415 号

责任编辑：李仙华　　　　　　　　　　　　　　文字编辑：邢启壮
责任校对：王　静　　　　　　　　　　　　　　装帧设计：关　飞

出版发行：化学工业出版社（北京市东城区青年湖南街 13 号　邮政编码 100011）
印　　刷：三河市航远印刷有限公司
装　　订：三河市宇新装订厂
787mm×1092mm　1/16　印张 17¾　字数 465 千字　2023 年 9 月北京第 2 版第 1 次印刷

购书咨询：010-64518888　　　　　　　　　　　售后服务：010-64518899
网　　址：http://www.cip.com.cn
凡购买本书，如有缺损质量问题，本社销售中心负责调换。

定　　价：59.80 元

前　言

　　本书是"十四五"职业教育国家规划教材，也是 MOOC 全媒体教材。本书依托浙江省高等学校在线开放课程共享平台或移动 APP、二维码、轻量化 VR 等形式，连接云端信息化教学资源库，可在线完成自学与自测，便于开展"线上+线下"的混合式教学。

　　本书主要内容由校企"双元"开发，与最新技术规范紧密贴合，主要培养施工技术人员的岗位核心能力——钢筋排布与配筋构造处理能力，属于"建筑工程技术专业"核心技能课范畴。本书内容涵盖了从基础到屋面结构构件的施工图识读、施工构造与钢筋翻样技术，强化工程实践能力的培养。本书结合典型实际工程案例（框架结构、剪力墙结构），采用"单元模块+学习项目+学习任务"的内容架构，将碎片化的知识与技能拼接成整体，辅以轻量化 VR 视觉呈现手段，使复杂节点的配筋构造立体、动态化呈现，激发学生学习兴趣，使学生真正理解结构施工图的设计意图与施工构造要求，实现"以就业为导向，以岗位能力培养为核心"的职业教育基本目标。

　　本书自第一版出版以来，得到了职业院校师生和工程技术人员的普遍欢迎和好评。随着建筑新技术的发展，国家规范、标准及图集不断更新，互联网技术和视觉传达手段的日新月异，对教学手段提出了更高、更新的要求。本着"动态修订、常用常新"的宗旨，本书在第一版的基础上，依据最新《混凝土结构施工图平面整体表示方法制图规则和构造详图》（22G101）等系列标准图集和《混凝土结构通用规范》（GB 55008—2021）等相关规范进行了修订，以适应行业技术最新发展；针对职业教育的特点，与实际工程无缝对接，内容体系由按施工先后顺序调整为按结构构件为对象组织学习项目，便于教学组织；平法识图内容通过"BIM（VR）+平法识图+配筋构造"深度融入，强调了平法识图的基础性地位；开发了完整的 MOOC 在线教学资源，以适应在线教学及自学的需要，体现了党的二十大报告"推进教育数字化"；同时，增加了项目小结、自测与训练，便于学生掌握所学内容。

　　课程思政是目前重要的教学组成，本书有机融入了课程思政元素，体现了党的二十大报告"育人的根本在于立德"的精神，在任务实施中培养依法依规、爱岗敬业、精益求精的工匠精神和职业素养。

　　本书由湖州职业技术学院张宪江担任主编并修订了模块二、模块三，湖州职业技术学院汪洋教授担任主审。咸宁职业技术学院李文川高级工程师修订了模块一，绍兴职业技术学院陈丽高级工程师修订了模块四，湖州职业技术学院谢恩普参与了结构 BIM 建模和全模型校验及 BIM 建模教学视频的录制，湖州职业技术学院杨泽平对 BIM 模型进行了交互 VR 轻量化处理。本书编写过程中得到了化学工业出版社及浙江乔兴建设集团有限公司、浙江湖州市建工集团有限公司有关专家和学者的热情帮助，在此一并表示感谢。

　　本书配套有丰富的数字化教学资源，可通过扫描书中二维码学习；同时还提供有电子课件，可登录网址 www.cipedu.com.cn 免费获取。

　　由于编者水平有限，虽尽心尽力、反复推敲，仍难免存在不妥之处，恳请读者与同行专家批评指正。

编　者

2023 年 2 月

第一版前言

应用型人才培养必须以能力培养为目标，以岗位能力分析为基础，以最新规范为依据，以典型工程为主线，以教学内容的实用性为突破口，以教学手段的革新为载体。

混凝土结构是目前建筑工程中应用最为广泛的一种结构类型，掌握其施工技术是施工人员最为基本与核心的能力。按照结构施工图进行施工，必须全面、深刻理解钢筋混凝土结构平法施工图、施工构造与施工工艺。BIM（Building Information Modeling）技术作为一种全新的建筑行业生产力革命性技术，被国内外众多工程师们认为是继 CAD 技术后建筑行业的第二次革命性技术。将 BIM 技术引入混凝土结构课程教学是培养职业核心能力的一条有效的途径。

本书依据最新《混凝土结构施工图平面整体表示方法制图规则和构造详图》（16G101）、《混凝土结构施工钢筋排布规则与构造详图》（12G901）、《G101 系列图集施工常见问题答疑图解》（13G101）等系列图集及《混凝土结构设计规范》（2015 年版）（GB 50010—2010）与《混凝土结构工程施工规范》（GB 50666—2011），基于 BIM 技术，结合实际工程案例，将钢筋混凝土结构信息 3D 多维度动态展示，提高学习兴趣，有效地培养施工图识读能力、结构构造处理能力、BIM 建模能力、钢筋翻样能力等职业核心能力，实现"以就业为导向，以岗位能力培养为核心"的教育基本目标。

本书主要内容经过工程专家和一线施工技术人员审议，与实际工程施工技术无缝对接。内容组织采用单元模块+学习项目+工作任务的体系，涵盖了混凝土结构的基础、柱、墙、梁、板、楼梯等全部构件的施工图识读、施工构造与 BIM 建模及钢筋翻样技术，强化工程实践能力的培养。**本书配套有基础知识链接二维码、《混凝土结构施工图与 BIM 建模指导》及 BIM 数字化模型。**

本书由张宪江担任主编；李文川参编了模块一、模块四；朱磊对工程图纸进行了校订，谢恩普参与了 BIM 建模工作。北京建筑大学穆静波教授对本书进行了审阅，本书编写过程中得到了化学工业出版社、浙江乔兴建设集团有限公司及有关专家和学者的热情帮助，在此一并表示感谢。

本书是对混凝土结构课程内容、教学手段改革的尝试与探索，能对应用型教育改革有所裨益为编者所盼。由于编者水平有限，虽尽心尽力、反复推敲，仍不免存在疏漏或不妥之处，恳请读者与同行专家批评指正。

编者
2017 年 4 月

目 录

模块四　钢筋翻样技术　/ 154

参考文献　/ 187

资源目录

模块一 | 混凝土结构特性与施工图表达

学习目标

知识目标

- 了解：钢筋混凝土结构用钢筋与混凝土的力学性能与技术要求
- 熟悉：钢筋混凝土结构构件的受力特性；钢筋混凝土结构体系及其受力特性；钢筋混凝土结构施工图表达及标准构造图集
- 理解：混凝土保护层厚度与钢筋锚固构造

能力目标

- 能够根据工程条件，确定结构构件的混凝土保护层厚度
- 能够根据工程条件，确定钢筋的锚固长度

思政目标

- 培养专业伦理与职业操守，养成依法、依规的意识和习惯
- 培养追求知识、严谨治学、实践创新的科学态度
- 培养求真务实、锲而不舍、精益求精的工匠精神

导言

钢筋混凝土结构是目前建筑工程中应用最为广泛的一种结构类型，故掌握钢筋混凝土结构施工技术是施工技术人员最为基本与核心的能力。钢筋混凝土结构施工技术涉及钢筋工程、混凝土工程及模板工程等施工内容，其中钢筋工程是最关键的分项工程，对工程质量起决定性作用。

按照结构施工图进行施工，必须熟悉钢筋混凝土结构的基本受力性能、结构平法施工图表达与结构施工构造，这样才能够保证钢筋混凝土结构施工质量，确保人民的生命财产安全。

本模块内容属于钢筋混凝土结构基础知识范畴，若对钢筋混凝土结构基本理论有较深入的了解，可以跳过本模块，直接进入模块二内容的学习。

项目 1

钢筋混凝土结构特性

任务 1　辨识钢筋混凝土结构

一、任务要求

（1）明确钢筋与混凝土结构材料的技术要求；

（2）理解钢筋混凝土结构构件的受力特性与结构的概念；

（3）根据工程条件，确定结构构件的混凝土保护层厚度与钢筋锚固长度；

（4）培养追求知识、严谨治学的科学态度和精益求精的工匠精神。

二、资讯

（一）混凝土结构的分类

以混凝土为主制成的结构称为混凝土结构。混凝土结构包含以下几种类型：

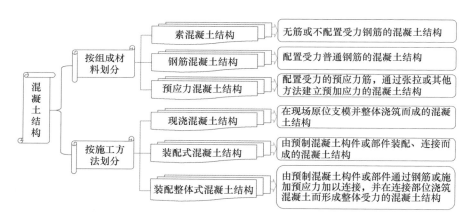

目前，建筑工程中普遍采用的是现浇钢筋混凝土结构（若未加特别指明，本书所说的钢筋混凝土结构均指现浇钢筋混凝土结构，简称混凝土结构）。

（二）钢筋混凝土构件的特性

1. 钢筋混凝土结构用钢筋与混凝土的技术要求

欲了解钢筋混凝土结构的特性，必须首先明确用于钢筋混凝土结构中的钢筋与混凝土的力学性能与技术要求。依据《混凝土结构通用规范》（GB 55008—2021）和《混凝土结构设计规范》（2015 年版）（GB 50010—2010），钢筋混凝土结构中的纵向受力普通钢筋，对于梁、柱和斜撑构件的纵向受力普通钢筋宜采用 HRB400、HRB500、HRBF400、HRBF500 钢筋；对于箍筋宜采用 HRB400、HRBF400、HPB300、HRB500、HRBF500 钢筋。钢筋混凝土结构中采用的混凝土强度等级不应低于 C25；采用强度等级 500MPa 及以上的钢筋及抗震等级不低于二级时，混凝土强度等级不应低于 C30。

2. 钢筋在钢筋混凝土结构构件中的一般配置

通过对钢筋混凝土结构用混凝土和钢筋的学习可以明确，混凝土材料属于脆性材料，抗压强度较高而抗拉强度较低（抗拉强度为抗压强度的1/10左右）；

组成钢筋混凝土结构的混凝土和钢筋有哪些特性和技术要求？
请扫描二维码1.1了解一下吧！

二维码1.1

钢筋的抗拉强度很高，其塑性和韧性也很好。显然二者材性差异较大，那么它们是如何"发挥长处、和平共处、共同受力"呢？一般情况下，在钢筋混凝土构件的受拉区配置抗拉强度较高的钢筋来承担构件中产生的拉应力，受压区的压应力则由抗压强度较高的混凝土来承担。这样，充分利用了钢筋与混凝土两种材料的力学特性，因此钢筋混凝土构件的承载能力大大地提高了，同时也呈现出延性破坏的特征。

案例

某三跨连续梁，承受均布荷载 q 作用，跨度均为 3.0m，见图 1.1.1。试绘制该连续梁的弯矩示意图，并绘图说明该连续梁跨中及支座处受拉纵向钢筋的配置位置（上部或下部）。

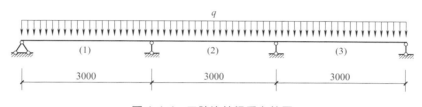

图 1.1.1　三跨连续梁受力简图

【案例分析】　弯矩示意图和连续梁受拉纵向钢筋配置示意图见图 1.1.2。

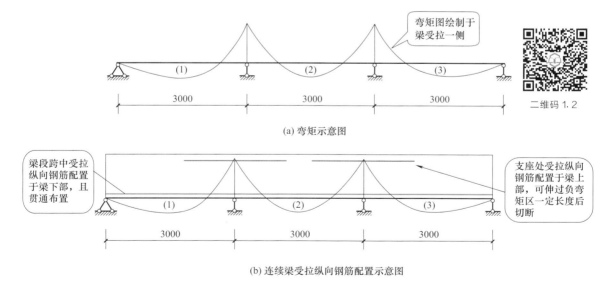

图 1.1.2　三跨连续梁弯矩图及受拉纵向钢筋配置示意图

3. 钢筋与混凝土共同工作的基础

钢筋与混凝土的材料性能相差很大，在荷载、温度、收缩等外界因素作用下，为什么能够结合在一起共同工作呢？一是因为二者之间具有相近的温度线膨胀系数；二是因

思考

钢筋与混凝土的材料性能相差很大，为什么能够共同受力、协调变形呢？

为混凝土硬化后，钢筋与混凝土之间产生的粘接作用。粘接作用是钢筋与混凝土共同工作的基础，如果钢筋和混凝土不能良好地粘接在一起，构件受力变形后，在小变形的情况下，钢筋和混凝土不能协调变形；在大变形的情况下，钢筋就有可能从混凝土中滑脱而分离，不能够共同受力。如果粘接失效，则结构构件将可能丧失承载能力并由此导致结构破坏。

那么如何保证钢筋与混凝土之间的有效粘接呢？一是确保钢筋有足够的混凝土保护层厚度，二是采取有效的钢筋锚固措施。

（1）混凝土保护层厚度。为了保护钢筋（防腐、防火）及保证钢筋与混凝土之间的粘接力，钢筋混凝土构件中，最外层钢筋（箍筋、构造筋、分布筋）外边缘至混凝土表面之间需有一定厚度的混凝土层，称为混凝土保护层，这一保护层的厚度称为混凝土保护层厚度 c。依据《G101 系列图集施工常见问题答疑图解》（17G101-11），各构件的混凝土保护层厚度的规定见图 1.1.3～图 1.1.7，图中 c_{min} 为混凝土保护层最小厚度，d 为受力钢筋直径（受力钢筋的保护层厚度不应小于钢筋公称直径 d）。

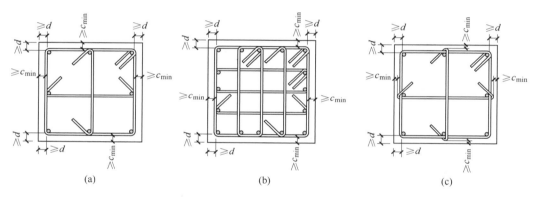

(a) (b) (c)

图 1.1.3 柱混凝土保护层厚度示意图

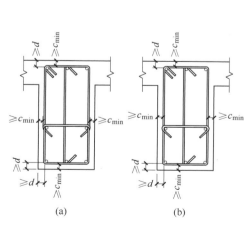

(a) (b)

图 1.1.4 梁混凝土保护层厚度示意图

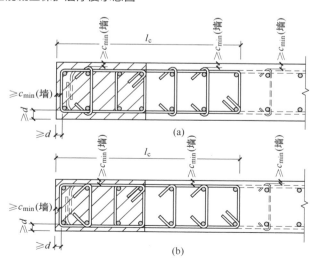

(a)

(b)

图 1.1.5 剪力墙混凝土保护层厚度示意图

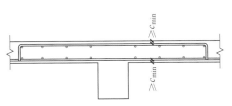

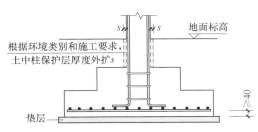

| 图 1.1.6 板混凝土保护层厚度示意图 | 图 1.1.7 基础混凝土保护层厚度示意图 |

依据《混凝土结构施工图平面整体表示方法制图规则和构造详图（独立基础、条形基础、筏形基础、桩基础）》(22G101-3)，设计工作年限为 50 年的混凝土结构，其混凝土保护层最小厚度 c_{min} 见表 1.1.1。

表 1.1.1　混凝土保护层的最小厚度 c_{min}　　　单位：mm

环境类别	板、墙		梁、柱		基础梁（顶面和侧面）		独立基础、条形基础、筏形基础（顶面和侧面）	
	≤C25	≥C30	≤C25	≥C30	≤C25	≥C30	≤C25	≥C30
一	20	15	25	20	25	20	—	—
二 a	25	20	30	25	30	25	25	20
二 b	30	25	40	35	40	35	30	25
三 a	35	30	45	40	45	40	35	30
三 b	45	40	55	50	55	50	45	40

注：钢筋混凝土基础宜设置混凝土垫层，基础底部钢筋的混凝土保护层厚度应从垫层顶面算起，且不应小于 40mm；无垫层时，不应小于 70mm。

实际施工中，混凝土保护层厚度通常采用塑料垫块或钢筋马镫来确保，见图 1.1.8。

| (a) 塑料垫块 | | (b) 钢筋马镫 |

图 1.1.8　混凝土保护层厚度控制措施

（2）钢筋锚固长度。在外力作用下，为了防止钢筋从混凝土中拔出，应将钢筋埋入混凝土中一定长度，这一长度称为钢筋锚固长度（图 1.1.9）。只有具有足够的钢筋锚固长度，才能在钢筋与混凝土之间积累足够的粘接应力，从而使二者保持整体，实现两者共同受力、协调变形的目的。如果钢筋锚固长度不足，则可能因钢筋滑脱而导致结构丧失承载能力并由此导致结构破坏。

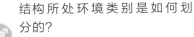

结构所处环境类别是如何划分的？
请扫描二维码 1.3 了解一下吧！

二维码 1.3

一般而言，钢筋锚固长度是指钢筋伸入支座中的总长度；对于支座负弯矩区段则是指支座负筋伸过负弯矩区段后的延伸长度；对于钢筋搭接连接的情况，则是指钢筋搭接的长度。

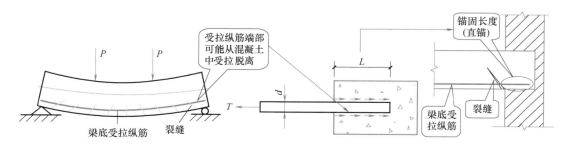

图 1.1.9　锚固长度的概念

钢筋锚固一般情况下采用直锚，当支座宽度小于直锚长度时，可采用端部弯折锚固（此时锚固长度包括直线及弯折部分）或机械锚固措施。

依据《混凝土结构施工图平面整体表示方法制图规则和构造详图（现浇混凝土框架、剪力墙、梁、板）》（22G101-1），受拉钢筋基本锚固长度 l_{ab} 及考虑钢筋直径的锚固长度 l_a 的规定见表 1.1.2 与表 1.1.3；抗震设计时受拉钢筋基本锚固长度 l_{abE} 及考虑钢筋直径的抗震锚固长度 l_{aE} 规定见表 1.1.4 与表 1.1.5。

表 1.1.2　受拉钢筋的基本锚固长度 l_{ab}　　　　单位：mm

钢 筋 种 类	混凝土强度等级							
	C25	C30	C35	C40	C45	C50	C55	≥C60
HPB300	34d	30d	28d	25d	24d	23d	22d	21d
HRB400、HRBF400、RRB400	40d	35d	32d	29d	28d	27d	26d	25d
HRB500、HRBF500	48d	43d	39d	36d	34d	32d	31d	30d

表 1.1.3　受拉钢筋的锚固长度 l_a　　　　单位：mm

钢筋种类	混凝土强度等级															
	C25		C30		C35		C40		C45		C50		C55		≥C60	
	d≤25	d>25	d≤25	d>25	d≤25	d>25	d≤25	d>25	d≤25	d>25	d≤25	d>25	d≤25	d>25	d≤25	d>25
HPB300	34d	—	30d	—	28d	—	25d	—	24d	—	23d	—	22d	—	21d	—
HRB400 HRBF400	40d	44d	35d	39d	32d	35d	29d	32d	28d	31d	27d	30d	26d	29d	25d	28d
HRB500 HRBF500	48d	53d	43d	47d	39d	43d	36d	40d	34d	37d	32d	35d	31d	34d	30d	33d

表 1.1.4　抗震设计时受拉钢筋基本锚固长度 l_{abE}　　　　单位：mm

钢筋种类	抗震等级	混凝土强度等级							
		C25	C30	C35	C40	C45	C50	C55	≥C60
HPB300	一、二级	39d	35d	32d	29d	28d	26d	25d	24d
	三级	36d	32d	29d	26d	25d	24d	23d	22d
HRB400 HRBF400	一、二级	46d	40d	37d	33d	32d	31d	30d	29d
	三级	42d	37d	34d	30d	29d	28d	27d	26d
HRB500 HRBF500	一、二级	55d	49d	45d	41d	39d	37d	36d	35d
	三级	50d	45d	41d	38d	36d	34d	33d	32d

注：四级抗震时，$l_{abE} = l_{ab}$。

表 1.1.5 受拉钢筋的抗震锚固长度 l_{aE}　　　　　　　　单位：mm

钢筋种类	抗震等级	混凝土强度等级														
		C25		C30		C35		C40		C45		C50		C55		≥C60
		$d{\leq}25$	$d{>}25$	$d{\leq}25$	$d{>}25$	$d{\leq}25$	$d{>}25$	$d{\leq}25$	$d{>}25$	$d{\leq}25$	$d{>}25$	$d{\leq}25$	$d{>}25$	$d{\leq}25$	$d{>}25$	$d{\leq}25$	$d{>}25$
HPB300	一、二级	39d	—	35d	—	32d	—	29d	—	28d	—	26d	—	25d	—	24d	—
	三级	36d	—	32d	—	29d	—	26d	—	25d	—	24d	—	23d	—	22d	—
HRB400 HRBF400	一、二级	46d	51d	40d	45d	37d	40d	33d	37d	32d	36d	31d	35d	30d	33d	29d	32d
	三级	42d	46d	37d	41d	34d	37d	30d	34d	29d	33d	28d	32d	27d	30d	26d	29d
HRB500 HRBF500	一、二级	55d	61d	49d	54d	45d	49d	41d	46d	39d	43d	37d	40d	36d	39d	35d	38d
	三级	50d	56d	45d	49d	41d	45d	38d	42d	36d	39d	35d	37d	33d	36d	32d	35d

为保证钢筋和混凝土之间的粘接力，防止钢筋在受拉时滑动，可采用钢筋末端弯钩的措施（图 1.1.10）（对于 HPB300 级钢筋，由于表面光滑，锚固效果较差，故作为受力筋时末端应做 180°弯钩，但作受压钢筋时可不做弯钩），或者采用机械锚固措施（见图 1.1.11）。

 结构抗震等级是如何划分的？请扫描二维码 1.4 了解一下吧！

二维码 1.4

特别提示

混凝土结构中的纵向受压钢筋，当计算中充分利用其抗压强度时，锚固长度不应小于相应受拉锚固长度的 70%。

(a) 末端90°弯折　　(b) 光圆钢筋末端180°弯钩

注：钢筋弯折90°的弯弧内直径D应符合下列规定。
1. 光圆钢筋，不应小于钢筋直径的2.5倍。
2. 335MPa级、400MPa级带肋钢筋，不应小于钢筋直径的4倍。
3. 500MPa级带肋钢筋，当直径$d{\leq}25$mm时，不应小于钢筋直径的6倍；当直径$d{\leq}25$mm时，不应小于钢筋直径的7倍。
4. 位于框架结构顶层端节点处的梁上部纵向钢筋和柱外侧纵向钢筋，在节点角部弯折处，当钢筋直径$d{\leq}25$mm时，不应小于钢筋直径的12倍；当直径$d{\leq}25$mm时，不应小于钢筋直径的16倍。
5. 箍筋弯折处尚不应小于纵向受力钢筋直径；箍筋弯折处纵向受力钢筋为搭接或并接时，应按钢筋实际排布情况确定箍筋弯弧内直径。

图 1.1.10 弯钩锚固的形式和技术要求

4. 钢筋混凝土结构的概念

一般而言，建筑结构（简称结构）是指能承受外部作用的空间体系，通俗地说就是建筑物中起骨架作用的部分。因此，以钢筋混凝土为主要受力材料的结构即为钢筋混凝土结构。需要说明的是，既然结构是一种"体系"，必然由若干基本构件组合而成，对于钢筋混凝土结构而言，其基本组成构件有钢筋混凝土梁、板、柱、墙和基础（以下简称梁、板、柱、墙和基础）等，这些构件相互支撑，连成整体，构成了房屋的受力体系。

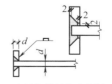

(a) 末端与钢板穿孔塞焊　　(b) 末端带螺栓锚头

图 1.1.11 机械锚固的形式和技术要求

三、决策、计划与实施

初步阅读"××××电缆生产基地办公综合楼"结构施工图中的结构设计总说明,查明本工程的选用的结构材料;根据结构构件的环境类别确定其混凝土保护层厚度;根据工程条件确定钢筋的锚固长度。

本部分以自学为主,读者可查阅相关学习资料,提交学习笔记。

四、检查与评估

分组讨论各自的学习笔记,统一认识,形成小组学习报告。最后,教师对小组提交的学习报告进行点评。通过任务训练,培养追求知识、严谨治学的科学态度和团结协作的精神。

任务 2　辨识钢筋混凝土结构体系

一、任务要求

(1) 区分钢筋混凝土结构组成构件与受力特点;
(2) 区分钢筋混凝土结构体系类型与结构特性;
(3) 培养追求知识、严谨治学的科学态度和团结协作的精神。

二、资讯

如前所述,钢筋混凝土结构是一种"体系",由若干结构基本构件——梁、板、柱、墙和基础组成。显然,这些基本构件必须按照一定规则"组装",合理承担并传递结构上的荷载。一般而言,梁主要承受弯曲、剪切及扭转作用;柱主要承受轴向压力或压弯作用;板在结构中主要承受弯曲作用;剪力墙主要承受水平剪力及竖向压力作用;基础主要承受压力、弯曲及冲切作用(图1.1.12)。

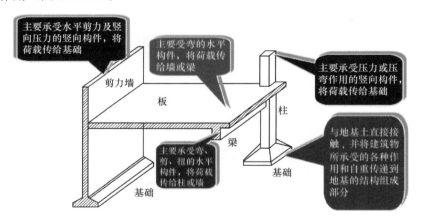

图 1.1.12　钢筋混凝土结构组成构件及传力路径

为了便于分析结构内力,从而进行配筋设计,根据结构受力和构造特点不同,将钢筋混凝土结构划分为框架结构、剪力墙结构、框架-剪力墙结构、部分框支剪力墙结构、筒体结构、板柱结构、单层厂房结构等几种结构体系。

(一)框架结构

由梁、柱和板为主要受力构件组成的承受竖向和水平作用的结构称为框架结构(图1.1.13),它是多层房屋的常用结构形式。

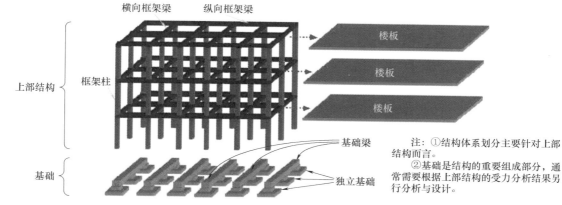

图 1.1.13　框架结构

注：①结构体系划分主要针对上部结构而言。
②基础是结构的重要组成部分，通常需要根据上部结构的受力分析结果另行分析与设计。

⚙ **特别提示**

　　框架结构体系的最大特点是承重结构和围护、分隔构件完全分开，墙只起围护、分隔作用。框架结构在水平作用下表现出抗侧移刚度小、水平位移大的特点，属于柔性结构，故随着房屋层数的增加，水平作用逐渐增大，因此会由于侧移过大而不能满足使用要求，或形成肥梁胖柱的不经济结构。

（二）剪力墙结构

　　主要由钢筋混凝土剪力墙来承受竖向和水平作用的结构称为剪力墙结构（图 1.1.14）。所谓剪力墙，实质上是嵌固于基础的钢筋混凝土墙片，具有很高的抗侧移能力，结构水平剪力主要由其来承受，故名剪力墙。

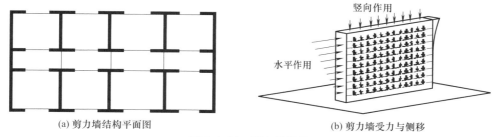

(a)剪力墙结构平面图　　　　　　　　(b)剪力墙受力与侧移

图 1.1.14　剪力墙结构

（三）框架-剪力墙结构

　　为了弥补框架结构中随房屋层数增加，水平作用迅速增大而侧向刚度不足的缺点，可在框架结构中设置部分钢筋混凝土剪力墙，形成框架和剪力墙共同承受竖向和水平作用的体系，即框架-剪力墙结构，简称框-剪结构，如图 1.1.15 所示。剪力墙可以是单片墙体，也

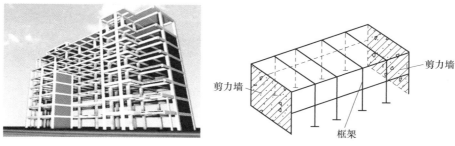

图 1.1.15　框架-剪力墙结构

可以是电梯井、楼梯井、管道井组成的封闭式井筒。

⚙ **特别提示**

框-剪结构的侧向刚度比框架结构大，大部分水平作用由剪力墙承担，而竖向荷载主要由框架承受。由于只在局部位置上布置少量的剪力墙，框-剪结构保持了框架结构易于分割空间、立面易于变化等优点。同时，这种体系的抗震性能也比较好。所以，框-剪体系在多层及高层办公楼、住宅等建筑中得到了广泛应用。

（四）部分框支剪力墙结构

当剪力墙结构的底部要求有较大空间时，可将底部一层或几层部分剪力墙设计为框支剪力墙（剪力墙不落地），形成部分框支剪力墙结构，如图1.1.16所示。部分框支剪力墙结构属竖向不规则结构，上下层不同结构构件的内力和变形通过转换层传递，抗震性能较差，烈度为9度的地区不应采用。

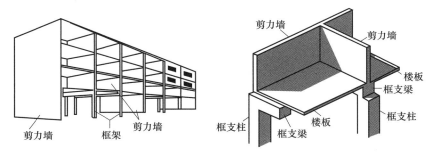

图 1.1.16　部分框支剪力墙结构

（五）筒体结构

以筒体为主组成的承受竖向和水平作用的结构称为筒体结构，如图1.1.17所示。所谓筒体，是指由若干片剪力墙围合而成的封闭井筒式结构，其受力类似于嵌固于基础上的筒形悬臂构件。

根据房屋高度及其所受水平作用的不同，筒体结构可以布置成框架核心筒结构、筒中筒结构等结构形式。筒体结构多用于高层或超高层公共建筑中，如我国的上海中心大厦（高632m）、深圳的平安金融中心（高592.5m）、上海环球金融中心（高492m）等。

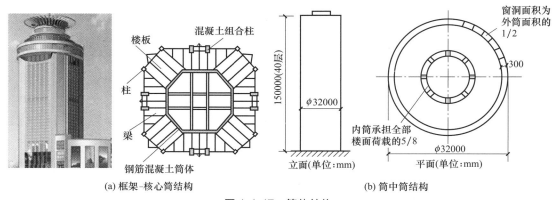

(a) 框架-核心筒结构　　　　　　　　　　(b) 筒中筒结构

图 1.1.17　筒体结构

（六）板柱-剪力墙结构

板柱-剪力墙结构是由无梁楼盖与柱组成的板柱框架与剪力墙共同承受竖向和水平作用

的结构（图 1.1.18）。板柱-剪力墙结构形式在地下工程中广泛应用。

由楼板和柱组成的结构体系称为板柱框架，也称无梁楼盖体系（图 1.1.19）。它的特点是室内楼板下没有梁，空间通畅简洁，平面布置灵活，在层高不变的情况下能提高建筑物的净高。

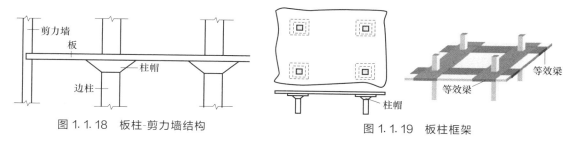

图 1.1.18 板柱-剪力墙结构　　　　　　　图 1.1.19 板柱框架

（七）单层厂房结构

单层厂房结构一般由屋面横梁（屋架或屋面大梁）和柱组成，主要用于单层工业厂房，如图 1.1.20（a）所示。设计分析时，一般假定屋面横梁与柱的顶端铰接，柱的下端与基础顶面固结，形成铰接排架，如图 1.1.20（b）所示。

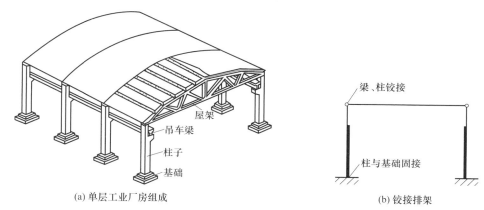

(a) 单层工业厂房组成　　　　　　　　　(b) 铰接排架

图 1.1.20 单层厂房结构

三、决策、计划与实施

初步阅读"××××电缆生产基地办公综合楼"结构施工图中的结构设计总说明，查明本工程的结构类型并分析结构受力与变形特点；初步阅读"××××经济适用住房"结构施工图中的结构设计总说明，查明本工程的结构类型并分析结构受力与变形特点。

本部分以自学为主，读者可查阅相关学习资料，提交学习笔记。

四、检查与评估

分组讨论各自的学习笔记，统一认识，形成小组学习报告。最后，教师对小组提交的学习报告进行点评。通过任务训练，培养追求知识、严谨治学的科学态度和团结协作的精神。

项目 2
钢筋混凝土结构施工图表达

任务 1 辨识施工图类别

一、任务要求

（1）明确完整的建筑工程设计图纸的组成与读图顺序；

（2）明确结构施工图的组成及其主要内容；

（3）培养追求知识、严谨治学的科学态度和团结协作的精神。

二、资讯

（一）施工图的类别

施工图是建筑生产过程中最重要、最基本的技术文件，所有的施工过程都必须在设计图纸的框架之内展开。图纸是在建筑成为实物之前借助线条、图形、数字、文字等载体对建筑的全部技术信息进行描述的工程语言，对建筑整体具有权威的控制作用。由于施工图中大量的技术信息是用相对抽象的线条、图例和符号传递的，专业化程度较高，往往不能被基层的技能与劳务型的人员所认知。建筑施工企业的技术及管理人员担负着准确领会、全面掌握施工图传递的所有工程信息的责任，应把图纸传递的工程语言演化成为操作层人员能够理解的行动命令。因此，熟练掌握识读图纸的能力，是从事建筑工程技术与管理工作的最起码的业务素质，也是能够与参与建筑生产工作的其他技术人员对话的基本"语言能力"。

一般情况下，一套完整的建筑工程设计图由建筑专业、结构专业、设备专业（给排水、电气、供暖通风等）等专业的图纸构成的。拿到一套施工图时，一般的识读方法是：先建筑、后结构、再设备；先粗看后细看，先整体后局部、细部，相互对照发现问题、记录问题。

建筑施工图部分是整个工程施工图的龙头部分，它反映了整个建筑物的形状、大小、功能及立面造型等，应首先熟悉建筑施工图，在脑海中形成建筑物的整体轮廓。建筑施工图由图纸目录、建筑总平面图、建筑设计总说明、建筑平面图、建筑立面图、建筑剖面图及建筑详图等部分组成。

（二）结构施工图的组成

结构施工图是建筑工程图的重要组成部分，是在建筑专业施工图给出的框架之内，对建筑的结构体系、结构构件进行详细规划和设计的专业图纸；也是主体结构施工放线、基槽开挖、绑扎钢筋、支设模板、浇筑混凝土以及计算工程造价、编制施工组织设计的依据。结构施工图用"结施"或"JS"进行分类。

结构施工图的基本内容包括图纸和文字资料两个部分：第一部分是图纸，包括结构布置图和构件详图；第二部分是文字资料，包括结构设计总说明和结构计算书（结构计算书只作为设计单位内部审核资料，不提供给施工单位）。

1. 结构设计总说明

结构设计总说明是结构施工图的综合性文件，它要结合现行规范的要求，针对建筑工程结构的通用性与特殊性，将结构设计的依据、选用的结构材料、选用的标准图集和对施工的特殊要求等，用文字及表格的表述方式形成的设计文件。它一般包括以下内容。

（1）工程概况：如建设地点、抗震设防烈度、结构抗震等级、荷载取值、结构形式等。

（2）材料情况：如混凝土的强度等级、钢筋的级别以及砌体结构中块材和砌筑砂浆的强度等级等。

（3）结构构造要求：如混凝土保护层厚度、钢筋的锚固、钢筋的接头要求等。

（4）地基基础情况：如地质（包括土质类别、地下水位、土壤冻深等）情况、不良地基的处理方法和要求、对地基持力层的要求、基础的形式、地基承载力特征值或桩基的单桩承载力特征值、试桩要求、沉降观测要求以及地基基础的施工要求等。

（5）施工要求：如对施工顺序、方法、质量标准的要求及与其他工种配合施工方面的要求等。

（6）选用的相关标准图集。

2. 结构平面布置图

结构平面布置图主要包括以下内容。

（1）基础平面布置图：主要表示基础平面布置及定位关系。如果采用桩基础，还应标明桩位；当建筑内部设有大型设备时，还应有设备基础布置图。

（2）楼层结构平面布置图：主要表示各楼层的结构平面布置情况，包括柱、梁、板、墙、楼梯、雨篷等构件的尺寸和编号等。

（3）屋面结构平面布置图：主要表示屋盖系统的结构平面布置情况。

3. 结构详图

结构详图包括：梁、板、柱及基础详图，楼梯详图，其他构件及节点详图等。

三、决策、计划与实施

初步阅读"××××电缆生产基地办公综合楼"建筑施工图及结构施工图，根据图纸目录查阅建筑施工图及结构施工图的图纸组成，尽可能多地获取图纸中表达的施工信息。

本部分以自学为主，读者可查阅相关学习资料，提交学习笔记。

四、检查与评估

分组讨论各自的学习笔记，统一认识，形成小组学习报告。最后，教师对小组提交的学习报告进行点评。通过任务训练，培养追求知识、严谨治学的科学态度和团结协作的精神。

任务 2　辨识平法结构施工图与标准构造详图

一、任务要求

（1）区分结构施工图平法制图规则与标准构造详图所采用的标准图集；

（2）明确平法结构施工图与标准构造详图的关系；

（3）培养追求知识、严谨治学、依法依规的科学态度。

二、资讯

目前，钢筋混凝土结构施工图的表现方式一般采用平面整体表示方法（以下简称"平法"）。所谓平法就是把结构构件尺寸和钢筋等，按照平面整体表示方法的制图规则，整体直接表达在各类构件的结构平面布置图上，再与标准构造详图相配合，构成一套完整的结构施工图的方法。钢筋混凝土结构平法施工图的识读方法及其施工构造要求，将在后续章节中结合实际工程案例、通过 BIM 技术详加介绍。

目前已出版发行的常用标准设计平法系列国标图集［图 1.2.1（a）］较多，对于现浇钢筋混凝土结构而言，主要涉及有：

(a) 22G101系列标准图集   (b) 18G901系列标准图集

图1.2.1　22G101与18G901系列图集

（1）国家建筑标准设计图集22G101-1《混凝土结构施工图平面整体表示方法制图规则和构造详图（现浇混凝土框架、剪力墙、梁、板）》（以下简称"22G101-1图集"）；

（2）国家建筑标准设计图集22G101-2《混凝土结构施工图平面整体表示方法制图规则和构造详图（现浇混凝土板式楼梯）》（以下简称"22G101-2图集"）；

（3）国家建筑标准设计图集22G101-3《混凝土结构施工图平面整体表示方法制图规则和构造详图（独立基础、条形基础、筏形基础、桩基础）》（以下简称"22G101-3图集"）。

另外，还出版了与平法图集配套使用的标准构造系列图集［图1.2.1（b）］，实现结构设计与施工构造的有机结合，为施工人员进行钢筋排布和下料提供技术依据。主要有：

（1）国家建筑标准设计图集18G901-1《混凝土结构施工钢筋排布规则与构造详图（现浇混凝土框架，剪力墙、梁、板）》（以下简称"18G901-1图集"）。

（2）国家建筑标准设计图集18G901-2《混凝土结构施工钢筋排布规则与构造详图（现浇混凝土板式楼梯）》（以下简称"18G901-2图集"）。

（3）国家建筑标准设计图集18G901-3《混凝土结构施工钢筋排布规则与构造详图（独立基础、条形基础、筏形基础、桩基础）》（以下简称"18G901-3图集"）。

（4）国家建筑标准设计图集17G101-11《G101系列图集施工常见问题答疑图解》（图1.2.2，以下

图1.2.2　17G101-11图集

简称"17G101-11图集")。此图集针对G101系列图集在使用中反馈的问题进行汇总、整理、分析，并将常见问题按国家现行标准、规范和规程及较为成熟的经验给出构造做法，解决工程中遇到的疑惑，避免因错误做法而造成返工。

⚙ 特别提示

18G901系列图集是对16G101系列图集钢筋排布与构造的细化和延伸，配合16G101系列图集解决施工中钢筋翻样计算和现场钢筋安装绑扎。目前22G101系列图集已替代16G101系列图集，但与之对应的钢筋排布与构造详图尚未发布。本书内容主要依据22G101系列图集并参照18G901系列图集编写。

三、决策、计划与实施

初步阅读"××××电缆生产基地办公综合楼"结构施工图，查明本工程基础、梁、板、柱、楼梯的施工图表达形式，并查明本工程的制图规则与标准构造所采用的标准图集，进而翻阅这些标准图集。

本部分以自学为主，读者可查阅相关学习资料，提交学习笔记。

四、检查与评估

分组讨论各自的学习笔记，统一认识，形成小组学习报告。最后，教师对小组提交的学习报告进行点评。通过任务训练，培养追求知识、严谨治学、依法依规的科学态度。

📖 小结

钢筋混凝土结构是目前建筑工程中普遍采用的一种结构类型，掌握钢筋混凝土结构施工技术是施工技术人员最为基本与核心的能力。对钢筋混凝土结构施工技术的深入学习，应具备如下基本知识：

（1）钢筋混凝土结构的相关知识

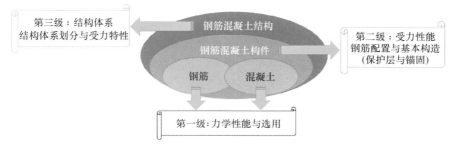

（2）钢筋混凝土结构施工图表达

目前，钢筋混凝土结构施工图主流表达方式为平法表达，包括两部分内容：结构平面布置图与标准构造详图。平法制图按照22G101系列图集（前半部分）规则执行，标准构造按照22G101系列图集（后半部分）或18G901系列图集或其他现行有效的规范、图集规则执行。

自测与训练

请登录"浙江省高等学校在线开放课程共享平台"（网址：www.zjooc.cn），搜索并加入课程学习，在线完成自测与训练任务。

模块二 | 框架结构识图、施工构造与BIM建模实例

学习目标

知识目标

- 了解：基础、柱、梁、板、楼梯的类型
- 熟悉：基础、柱、梁、板、楼梯结构施工图表达方式；基础、柱、梁、板、楼梯结构标准配筋构造详图
- 理解：基础、柱、梁、板及楼梯梯段斜板中的钢筋配置及基本要求；结构构件节点钢筋排布与避让原则

能力目标

- 能够读懂钢筋混凝土框架结构施工图
- 能够将框架结构施工图数字信息与标准配筋构造详图相结合，正确、合理地进行结构施工（BIM建模模拟）

思政目标

- 培养专业伦理与职业操守，养成依法、依规的意识和习惯
- 培养追求知识、严谨治学、实践创新的科学态度
- 培养求真务实、锲而不舍、精益求精的工匠精神

导言

1. 熟悉建筑施工图

如前所述，建筑施工图是整个工程施工图的龙头部分，因此，在阅读结构施工图之前首先应熟悉建筑施工图，了解整个建筑物的形状、大小、功能及立面造型等，在脑海中形成建筑物的整体轮廓。

请认真阅读"××××电缆生产基地办公综合楼"建筑施工图（见本书配套《混凝土结构施工图与BIM建模指导》附录一1.1），并回答如下问题：

（1）拟建建筑物用途为_____，设计合理使用年限为_____年。拟建建筑物朝向为_____。

（2）拟建建筑物总建筑面积为_____m²，地上共_____层，建筑高度_____m，其中一层层高为_____m，二至三层层高均为_____m。建筑基底长_____m，宽_____m。

（3）本工程±0.000相当于绝对标高_____。建筑出入口处的室内外高差为_____mm。

（4）本工程有_____个出入口，出入口设置_____雨篷，主入口汽车坡道位于_____侧，无障碍坡道位于_____侧。三层较二层收进_____m。

（5）本工程楼梯间布置于_____～_____轴与_____～_____之间；卫生间布置于_____～_____轴与_____～_____之间，卫生间楼（地）面低于建筑标高_____mm，前室和开水间楼（地）面低于建筑标高_____mm；中庭位于_____～_____轴与_____～_____之间，中庭净高约为_____m。

（6）卫生间周边墙体下部浇筑_____mm高C20混凝土挡槛。为防止裂缝，混凝土反槛顶部设纵筋_____，箍筋_____与楼面梁顶部纵筋拉接。

（7）本工程屋面形式为_____（平屋面或坡屋面），屋面女儿墙顶标高为_____m。

2. 阅读结构设计总说明

结构设计总说明是对一个建筑物的结构设计依据、结构形式、结构材料和施工构造要求等内容的总体概述，在结构施工图中占有重要地位。结构设计总说明一般位于结构施工图的最前面。在阅读结构施工图前应仔细阅读结构设计总说明。

请认真阅读"××××电缆生产基地办公综合楼"结构设计总说明（结施1/13、2/13）（见本书配套《混凝土结构施工图与BIM建模指导》附录一1.2，以下不再一一说明），并回答如下问题：

（1）本工程抗震措施按抗震设防烈度_____度采用，抗震设防类别为_____，建筑结构安全等级为_____级。

（2）本工程为_____结构，结构高度为_____m。采用_____基础，框架抗震等级为_____级。

（3）本工程框架梁、现浇板的混凝土强度等级为_____；框架柱的混凝土强度等级为_____；构造柱、现浇过梁的混凝土强度等级为_____。

（4）室内地坪以下及卫生间、露天构件混凝土构件环境类别为_____类，其余为_____类。卫生间的混凝土板钢筋的保护层厚度为_____mm，其他部位混凝土板钢筋的保护层厚度为_____mm；±0.000以上混凝土梁钢筋的保护层厚度c为_____mm，±0.000以下混凝土梁钢筋的保护层厚度c为_____mm；±0.000以上混凝土柱钢筋的保护层厚度c为_____mm，±0.000以下混凝土柱钢筋的保护层厚度c为_____mm。

（5）框架梁、框架柱主筋宜采用_____接头；梁、柱箍筋除单肢箍外，其余采用_____形式，并做成_____度弯钩，弯钩长度为_____d（d为箍筋直径）。

（6）本工程钢筋混凝土结构施工构造主要依据的图集为_____和_____。

（7）本工程HRB400级纵向钢筋的锚固长度l_{abE}为_____d（d为纵筋直径），且锚固长度l_{abE}的最小值为_____mm。

（8）柱纵筋在基础内应设置纵筋的稳定箍筋_____道。

（9）板的底部钢筋伸入支座长度应_____d（d为板筋直径），且不小于_____mm及伸入到支座中心线。板的上部钢筋伸入板内的长度应自_____起算。

（10）双向板的底部钢筋，_____钢筋置于下排，_____钢筋置于上排。除图中注明外，板厚为100mm的板内分布钢筋采用_____，板厚为120mm的板内分布钢筋采用_____，板厚为150mm的板内分布钢筋采用_____。

（11）梁内第一道箍筋距柱边或梁边_____mm。主梁与次梁结点处，_____箍筋应贯通布置，主梁上附加箍筋的肢数、直径同_____箍筋，间距_____mm。主次梁高度相同时，次梁的下部纵向钢筋应置于主梁下部纵向钢筋之_____（上或下）。

（12）梁的纵向钢筋需要设置接头时，底部钢筋应在距支座_____跨度范围内接头，上部钢筋应在跨中_____跨度范围内接头。同一接头范围内的钢筋接头数量（面积）不应超过总钢筋数量的_____%。

（13）构造柱施工时应留出相应插筋。当构造柱边长不大于240mm时，插筋一般为_____，且自地面或楼面伸出_____mm。

 钢筋连接接头应符合哪些技术要求？
请扫描二维码 2.1 了解一下吧！

二维码 2.1

项目 1

基础施工图、施工构造与BIM建模

任务 1　阅读基础平面布置图

一、任务要求

（1）自主学习 22G101-3 图集中关于柱下独立基础平法施工图制图规则部分的内容，能够读懂柱下独立基础平法施工图。

（2）请认真阅读"××××电缆生产基地办公综合楼"基础平面布置图（结施 3/13），获取基础施工图中施工信息并回答如下问题：

① 本建筑采用柱下独立基础，截面形式为＿＿＿＿＿形。持力层取＿＿＿＿＿层，基础底做＿＿＿＿＿ mm 厚 C15 素混凝土垫层，垫层顶标高为＿＿＿＿＿ m，垫层应超出基础各边缘＿＿＿＿＿ mm。

② 基础底部设计标高为＿＿＿＿＿ m（基底高程为＿＿＿＿＿ m）。阶形基础有＿＿＿＿＿阶，每阶高度均为＿＿＿＿＿ mm，阶形基础有＿＿＿＿＿种，其编号和平面尺寸分别为＿＿＿＿＿。

③ 独立柱基的混凝土强度等级为＿＿＿＿＿，基础所处环境类别为＿＿＿＿＿类，基础主筋保护层厚度为＿＿＿＿＿ mm，基础柱的混凝土保护层厚度为＿＿＿＿＿ mm。

④ 钢筋混凝土柱纵向受力钢筋在基础内的弯锚长度为＿＿＿＿＿ mm；DJ_J-4 主筋的长度可减短＿＿＿＿＿ mm，交错布置。

⑤ 请分别说明 DJ_J-1、DJ_J-4 与轴线的位置关系：＿＿＿＿＿＿＿＿＿＿＿＿＿＿＿＿＿＿＿
＿＿＿。

二、资讯

（一）地基与基础

基础是建筑物地面以下的受力构件，它承受建筑物上部结构传下来的全部荷载，并把这些荷载连同本身的自重一起传到地基上；地基是承受由基础传来荷载的岩土层（图 2.1.1）。

基础的分类方式很多，通常有：

1. 按基础形式分类

（1）独立基础：独立基础一般呈阶梯形、锥形，主要用于柱下（图 2.1.2）。

（2）条形基础：条形基础为连续的条带状，一般用于承重墙下（图 2.1.3）。

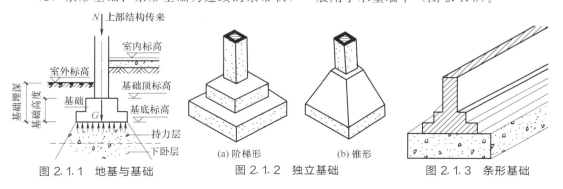

图 2.1.1　地基与基础　　　　图 2.1.2　独立基础　　　　图 2.1.3　条形基础

（3）联合基础：联合基础主要用于地基软弱、上部荷载较大、设有地下室且基础埋深较大的建筑，其主要形式有柱下条形基础、柱下十字交叉基础、梁板式筏形基础、平板式筏形基础、箱形基础等（图 2.1.4）。

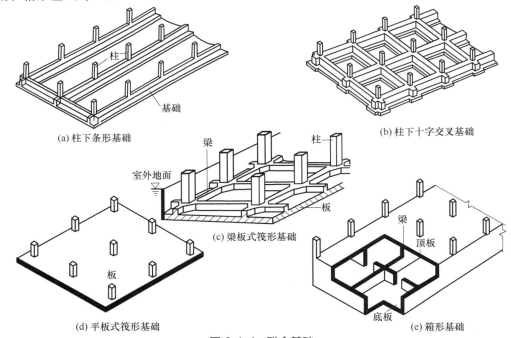

(a) 柱下条形基础　　　　　　　　　　　　　　(b) 柱下十字交叉基础

(c) 梁板式筏形基础

(d) 平板式筏形基础　　　　　　　　　　　　　(e) 箱形基础

图 2.1.4　联合基础

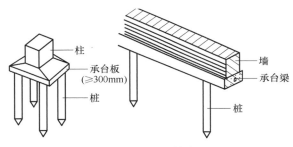

图 2.1.5　桩基础

2. 按基础埋深大小分类

（1）浅基础：基础埋深≤5m 或基础埋深小于基础宽度的 4 倍的基础。

（2）深基础：基础埋深＞5m 或基础埋深大于或等于基础宽度的 4 倍的基础。深基础主要为桩基础（图 2.1.5）。

（二）柱下独立基础

1. 独立基础中的配筋

独立基础在地基净反力作用下，纵横两个方向都要产生弯矩，基础沿柱周边向上弯曲，发生弯曲及冲切破坏。因此，独立基础板底的配筋应按受弯承载力确定，一般柱下独立基础的长、短边尺寸较为接近，需考虑基础双向受弯，应分别在板底纵横两个方向配置受力钢筋（图 2.1.6）。

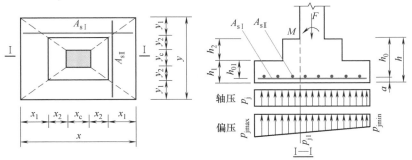

图 2.1.6　独立基础配筋示意图

2. 独立基础平法施工图表达

独立基础平面布置图是将独立基础平面与基础所支承的柱一起绘制。独立基础平法施工图，有平面注写与截面注写两种表达方式。截面注写方式说明如下（平面注写方式请参阅 22G101-3 图集）。

（1）独立基础编号：各种独立基础编号按表 2.1.1 的规定编号。

表 2.1.1　独立基础编号

基础底板截面形状	代号	序号
阶形	DJ_J	××
坡形	DJ_P	××

（2）独立基础的截面注写方式：独立基础的截面注写方式，又可分为截面标注和列表注写（结合截面示意图）两种表达方式。

对多个同类基础，可采用列表注写（结合截面示意图）的方式进行集中表达。表中内容为基础截面的几何数据和配筋等，在截面示意图上应标注与表中栏目相对应的代号。列表的具体内容规定如下：

① 编号。阶形截面编号为 DJ_J××，坡形截面编号为 DJ_P××。

② 几何尺寸。水平尺寸 x、y、x_c、y_c（或圆柱直径 d_c），x_i、y_i（i＝1，2，3……），竖向尺寸 $h_1/h_2/$……。

③ 配筋。B：X：Φ××@×××，Y：Φ××@×××（B 表示板底，X 表示 X 方向钢筋，Y 表示 Y 方向钢筋，Φ 为钢筋级别代号）。

普通独立基础列表格式见表 2.1.2。

表 2.1.2　普通独立基础几何尺寸和配筋表

基础编号/截面号	截面几何尺寸				底部配筋（B）	
	x、y	x_c、y_c	x_i、y_i	$h_1/h_2/$……	X 向	Y 向

注：表中可根据实际情况增加栏目。例如当基础底面标高与基础底面基准标高不同时，加注基础底面标高等。

三、决策、计划与实施

阅读"××××电缆生产基地办公综合楼"基础平面布置图（结施 3/13）。

首先自主学习 22G101-3 图集中关于柱下独立基础平法施工图制图规则部分的内容，然后阅读"××××电缆生产基地办公综合楼"基础平面布置图（结施 3/13），形成基础施工图自审笔记并提交。

四、检查与评估

分组讨论各自的基础施工图自审笔记，统一认识，形成小组图纸自审报告。最后，教师对小组提交的图纸自审报告进行点评。通过任务训练，培养追求知识、严谨治学、依法依规的科学态度。

任务 2　识读基础施工构造

一、任务要求

（1）学习 22G101-3 图集中独立基础板底钢筋排布标准构造，并与 18G901-3 图集中独立基础板底钢筋排布构造详图相对照，具备依据标准构造详图进行柱下独立基础施工的能力；

（2）列举"××××电缆生产基地办公综合楼"柱下独立基础中涉及的相关施工构造；

（3）培养严谨治学、精益求精的工匠精神和依法依规的科学态度。

二、资讯

 特别提示

　　对于单柱柱下独立基础板底钢筋排布，当底板边长小于 2500mm 时，应满足的构造要求如图 2.1.7 所示。特别注意，当独立基础底板边长不同时，板底双向交叉钢筋的短向钢筋排布在长向钢筋之上。

　　当独立基础底板边长≥2500mm 时，除外侧钢筋外，板底钢筋长度可取相应方向钢筋长度的 0.9 倍（图 2.1.8）。对于非对称独立基础底板长度≥2500mm，但该基础某侧从柱中心至基础底板边缘的距离＜1250mm 时，钢筋在该侧不应减短。

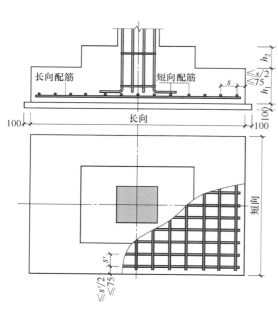

注：1.本图适用于普通独立基础和杯口独立基础，基础的截面形式为阶梯形截面 DJ_J、BJ_J 或坡形截面 DJ_P、BJ_P。
　　2.几何尺寸及配筋按具体结构设计和图集构造规定。
　　3.独立基础底部双向交叉钢筋长向设置在下，短向设置在上，独立基础的长向为何向详见具体工程设计。

图 2.1.7　独立基础底板配筋排布构造

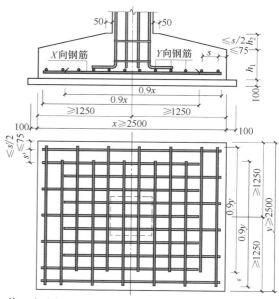

注：1.当对称独立基础底板长度≥2500mm 时，除外侧钢筋外，底板配筋长度可减短10%，缩短后的钢筋必须伸过阶形基础的第一台阶。
　　2.当非对称独立基础底板长度≥2500mm，但该基础某侧从柱中心至基础底板边缘的距离＜1250mm 时，钢筋在该侧不应减短。
　　3.图中 X 向为长向，Y 向为短向。对称独立基础的长向为何向详见具体工程设计。

图 2.1.8　独立基础底板配筋长度
减短 10% 的钢筋排布构造

三、决策、计划与实施

列举"××××电缆生产基地办公综合楼"工程中柱下独立基础中涉及的相关标准施工构造。

首先自主学习 22G101-3 图集中独立基础板底钢筋排布标准构造要求,并与 18G901-3 图集中独立基础板底钢筋排布构造详图相对照,然后与本工程柱下独立基础施工图相结合,列出本工程基础施工构造做法清单并提交。

四、检查与评估

分组讨论各自提交的基础施工构造做法清单,统一认识,形成小组基础施工构造清单报告。最后,教师对小组提交的基础施工构造清单报告进行点评。通过任务训练,培养严谨治学、精益求精的工匠精神和依法依规的科学态度。

任务 3　基础 BIM 建模

一、任务要求

(1) 将基础施工图中表达的施工信息与标准构造详图相结合,利用 BIM 建模软件,完成结施 3/13 "××××电缆生产基地办公综合楼"基础的 BIM 建模任务;

(2) 多维度动态观察所建基础 BIM 模型,深入理解基础施工图中表达的施工信息并掌握柱下独立基础的施工构造;

(3) 培养严谨治学、精益求精的工匠精神、团队协作的精神和依法依规的科学态度。

二、资讯

以①轴与①轴交点处的 DJ_J-1 为例。DJ_J-1 的 BIM 建模信息汇总如下(未注明的尺寸单位为 mm)。

1. 轴网间距尺寸

X 向:①~⑥轴的轴网间距尺寸分别为 6000,6900,6300,6900,6000;

Y 向:1/Ⓐ~Ⓔ轴的轴网间距尺寸分别为 4200,2100,7800,5700。

2. 标高信息

基础底标高为 -3.200m;地梁层顶结构标高为 -0.100m;首层顶结构(即二层结构)标高为 4.150m;二层顶结构(即三层结构)标高为 8.050m;三层顶结构(即屋面结构)标高为 12.000m。

3. DJ_J-1 图纸信息

①轴与①轴交点处的 DJ_J-1 为两阶矩形基础,基础中线相对①轴右偏 150,相对①轴上偏 150。基础混凝土强度等级 C30,垫层混凝土强度等级 C15。

DJ_J-1 下阶尺寸为 2300×2300,厚度为 300;上阶尺寸为 1400×1400,厚度为 300;垫层尺寸为 2500×2500。底部配筋(双向)为三级钢(钢筋符号为Φ),直径 12,间距 150。

4. DJ_J-1 施工构造做法

DJ_J-1 底部钢筋长度均通长布置,①轴方向钢筋可排布于①轴方向钢筋之下。DJ_J-1 钢筋底部保护层厚度取 40,端部保护层厚度取 25(最小 20)。平面布置上,最外排钢筋距离基础外边缘 75。

三、决策、计划与实施

🔧 必备能力

本书采用 Tekla Structures 20.0 软件进行混凝土结构 BIM 建模，教学中也可采用 Revit 等软件。若尚未学习 BIM 软件应用课程，建议先学习本书配套的《混凝土结构施工图与 BIM 建模指导》附录三混凝土结构 BIM 建模（Tekla Structures 20.0 软件）基本操作，初步掌握 BIM 建模软件的基本操作方法。

参照基础施工构造示例及附录 BIM 建模指导，对本工程的基础进行 BIM 建模。

📲 示例 1：DJ$_J$-1 施工构造

基础 BIM 模型及基础编号见图 2.1.9。DJ$_J$-1 施工构造见图 2.1.10。

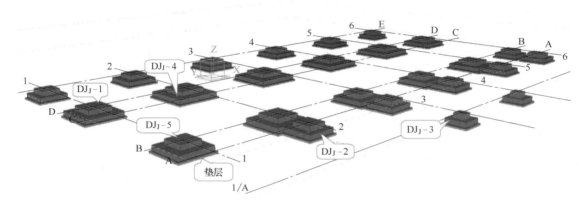

图 2.1.9　基础 BIM 模型

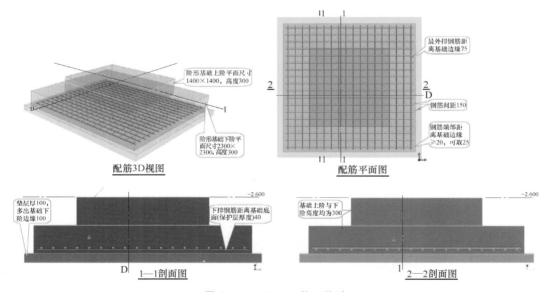

图 2.1.10　DJ$_J$-1 施工构造

📲 示例 2：DJ$_J$-4 施工构造

DJ$_J$-4 施工构造见图 2.1.11。

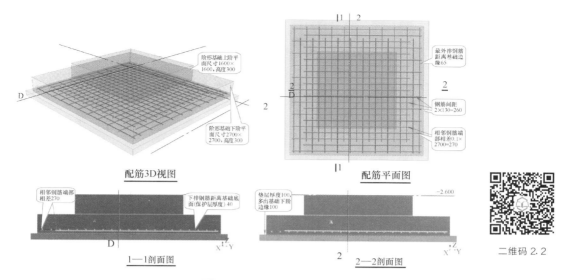

配筋3D视图

配筋平面图

1—1剖面图

2—2剖面图

二维码2.2

图 2.1.11　DJ_J-4 施工构造

四、检查与评估

首先，小组成员之间交互检查各自所建基础 BIM 模型，查阅构件中钢筋与混凝土属性，量取相关构造尺寸，并与图纸信息和标准构造详图进行比对，检查对图纸信息和标准构造详图的掌握程度。然后，小组提交成员中最为满意的基础 BIM 模型，教师进行检查与点评，通过查漏补缺，不断提高平法识图能力和对标准构造的灵活应用能力。

通过任务训练，培养严谨治学、精益求精的工匠精神、团队协作的精神和依法依规的科学态度。

小结

基础是建筑物地面以下的受力构件。18G901-3 图集中介绍的主要基础类型有独立基础、条形基础、筏形基础和桩基础。本书主要介绍了单柱柱下独立基础的施工图识读与标准构造详图，请在此基础上全面深入学习其他形式基础的施工图表达与标准构造详图。

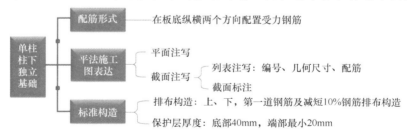

基础 BIM 建模是将基础施工图中的施工信息与标准构造详图相结合，依托真实工程，利用 BIM 建模软件模拟基础施工，以达到强化施工图阅读能力、灵活应用标准构造进行施工的学习目的。

自测与训练

请登录"浙江省高等学校在线开放课程共享平台"（网址：www.zjooc.cn），搜索并加入课程学习，在线完成自测与训练任务。

柱施工图、施工构造与BIM建模

框架柱的施工构造比较复杂，为方便学习，按照柱段在结构中的部位，将框架柱分为三个学习子项目：与基础相连的插筋柱段、中间层柱段、顶层柱段。为方便说明问题，柱中钢筋骨架称谓约定见表 2.2.1。

表 2.2.1　柱中钢筋骨架名称

钢筋种类	钢筋位置	钢筋名称
纵筋	插筋柱段	柱插筋
	中间层柱段	柱纵筋
	顶层柱段	顶层柱纵筋
箍筋	插筋柱段	插筋范围箍筋
	柱端加密区	加密区箍筋
	柱身非加密区	非加密区箍筋

子项目 2.1

插筋柱段施工图、施工构造与 BIM 建模

任务 1　阅读标高基顶～−0.100 柱段平法施工图

一、任务要求

（1）学习 22G101-1 图集中关于柱平法施工图制图规则部分的内容，能够初步读懂柱平法施工图；

（2）请认真阅读"××××电缆生产基地办公综合楼"标高基顶～4.150 柱平法施工图（结施 4/13），获取插筋柱段图纸信息，并回答如下问题：

① 基础顶面标高为_____ m。KZ-1～KZ-4 在基顶～−0.100 之间混凝土强度等级为_____，混凝土保护层厚度为_____ mm。

② KZ-1 在基顶～−0.100 之间截面尺寸为_____，纵筋为_____（其中角部纵筋为_____），箍筋为_____；KZ-2 在基顶～−0.100 之间截面尺寸为_____，纵筋为_____（其中角部纵筋为_____），箍筋为_____；KZ-3 在基顶～−0.100 之间截面尺寸为_____，纵筋为_____（其中角部纵筋为_____），箍筋为_____；KZ-4 在基顶～−0.100 之间截面尺寸为_____，纵筋为_____（其中角部纵筋为_____），箍筋为_____。

③ 请分别说明 KZ-1～KZ-4 与轴线的位置关系：_____

_____。

二、资讯

1. 钢筋混凝土柱的配筋

钢筋混凝土柱的截面形式有矩形、圆形和异形（如 L 形），本书主要介绍矩形柱。钢筋混凝土柱中一般配置有纵向钢筋（简称纵筋）和箍筋，箍筋又可分为加密区箍筋和非加密区箍筋两种（图 2.2.1）。加密区箍筋一般位于柱的两端，非加密区箍筋一般位于柱的中部。

设置纵向钢筋的目的主要是承受柱中弯矩产生的拉应力，防止构件突然的脆性破坏，也可以协助混凝土承受压力，或抵抗混凝土收缩变形。箍筋的作用是保证纵筋的位置正确，防止纵筋压屈，从而提高柱的承载能力和延性；对承受横向作用的柱，箍筋主要用于承受柱中剪力。

按照柱中纵筋配置情况，可分为对称配筋和非对称配筋两种形式。当任意两个对边布置的纵筋数量相同时，称为对称配筋柱［图 2.2.2 (a)］；当某一对边布置的纵筋数量不同时，称为非称配筋柱［图 2.2.2 (b)］。实际工程中通常采用对称配筋柱。

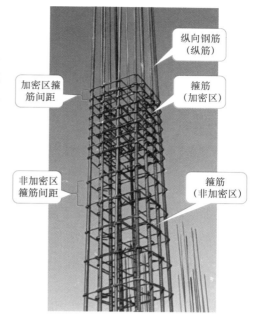

图 2.2.1 柱中钢筋配置

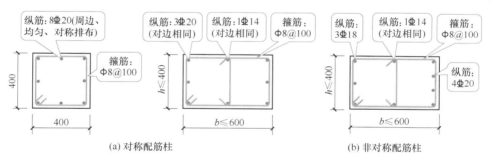

(a) 对称配筋柱　　　　(b) 非对称配筋柱

图 2.2.2 柱中纵筋配置

2. 柱平法施工图表达

柱平法施工图表达方式有两种：列表注写方式与截面注写方式。本书主要讲解截面注写方式，列表注写方式请参阅 22G101-1 图集。

截面注写方式，是在柱平面布置图的柱截面上，分别在同一编号的柱中选择一个截面，以直接注写截面尺寸和配筋具体数值的方式来表达柱平法施工图（图 2.2.3）。

截面注写内容规定如下：

（1）注写柱编号：柱编号由类型代号和序号组成，应符合表 2.2.2 的要求。

表 2.2.2　柱编号（部分）

柱 类 型	代 号	序 号
框架柱	KZ	××
转换柱	ZHZ	××
芯柱	XZ	××

注：编号时，当柱的总高、分段截面尺寸和配筋均对应相同，仅分段截面与轴线的关系不同时，仍可将其编为同一柱号。

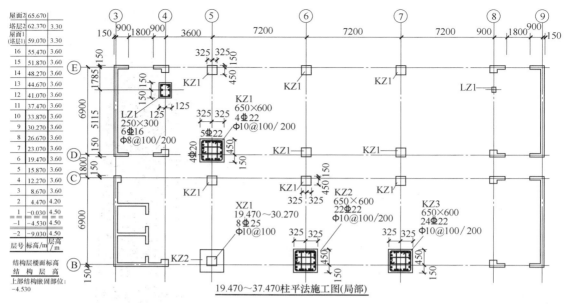

图 2.2.3　柱平法施工图截面注写方式示例

（2）注写各段柱的起止标高：自柱根部往上以变截面位置或截面未变但配筋改变处为界分段注写，分段柱可以注写为起止层数，也可注写为起止标高。

（3）注写柱截面尺寸与配筋：从相同编号的柱中选择一个截面，按另一种比例原位放大绘制柱截面配筋图，并在各配筋图上继其编号后再注写截面尺寸 $b×h$、角筋（即角部纵筋）或全部纵筋（当纵筋采用一种直径且能够图示清楚时）、箍筋的具体数值（包括钢筋级别、直径与间距），以及在柱截面配筋图上标注柱截面与轴线关系 b_1、b_2、h_1、h_2 的具体数值。

当纵筋采用两种直径时，需再注写截面各边中部筋（即中部纵筋）的具体数值（对于采用对称配筋的矩形截面柱，可仅在一侧注写中部筋，对称边省略不注）；当为抗震设计时，用斜线"/"区分柱端箍筋加密区与柱身非加密区长度范围内箍筋的不同间距。

案例

试阅读标高 19.470～37.470 柱平法施工图（图 2.2.3），并说明其中 KZ1 所表达的施工信息。

【案例分析】　查阅 19.470～37.470 柱平法施工图可知，KZ1 共有 9 根，以⑤轴与Ⓓ轴交点处的 KZ1 为例，图中所表达的施工信息主要有：

（1）柱编号：KZ1（由柱类型代号和序号组成）。

（2）柱截面尺寸：650mm×600mm。与轴线关系的几何参数代号 b_1、b_2 和 h_1、h_2 的具体数值分别为 325mm、325mm 和 150mm、450mm（矩形截面注写为 $b×h$）。

（3）柱纵筋：角筋为 4⊕22；b 边中部筋为 5⊕22；h 边中部筋为 4⊕20（矩形截面的角筋与中部筋直径不同时，按"角筋＋b 边中部筋＋h 边中部筋"的形式注写，也可在直接引注中仅注写角筋，然后在截面配筋图上原位注写中部筋，采用对称配筋时，可仅注写一侧中部筋）。

（4）柱箍筋：$φ10@100/200$，即箍筋级别为 HPB300，直径为 10mm，柱端加密区箍筋间距为 100mm，柱身非加密区箍筋间距为 200mm（包括箍筋级别、直径与间距。箍筋肢数为 4×4，复合方式在柱截面配筋图上表示。当为抗震设计时，用"/"区分箍筋加密区与非加密区箍筋的间距，箍筋沿柱全高为一种间距时，则不使用"/"）。

（5）柱标高段：19.470m～37.470m。

三、决策、计划与实施

阅读"××××电缆生产基地办公综合楼"标高基顶～4.150柱平法施工图（结施4/13）。

首先自主学习22G101-1图集中关于柱平法施工图制图规则部分的内容，然后阅读"××××电缆生产基地办公综合楼"标高基顶～4.150柱平法施工图（结施4/13），形成柱平法施工图自审笔记并提交。

四、检查与评估

分组讨论各自的柱平法施工图自审笔记，统一认识，形成小组图纸自审报告。最后，教师对小组提交的柱平法施工图自审报告进行点评。通过任务训练，培养追求知识、严谨治学、依法依规的科学态度。

任务2 识读插筋柱段施工构造

一、任务要求

（1）学习22G101-1图集中钢筋一般构造及KZ纵筋连接构造与箍筋加密区构造、17G101-11图集中关于混凝土保护层厚度的规定，并与18G901-1图集中钢筋一般构造及嵌固部位框架柱纵筋及箍筋构造详图、18G901-3图集中的柱插筋在基础中的锚固构造相对照，初步具备依据标准构造详图对插筋柱段进行施工的能力；

（2）列举"××××电缆生产基地办公综合楼"插筋柱段中涉及的相关施工构造；

（3）培养严谨治学、精益求精的工匠精神及依法依规的科学态度。

二、资讯

（一）一般构造

（1）柱中纵向钢筋的净间距不应小于50mm，中心间距不宜大于300mm（图2.2.4）；有抗震设防要求且截面尺寸大于400mm的柱，其中心间距不宜大于200mm。

（2）箍筋、拉筋弯钩构造应满足图2.2.5的要求。

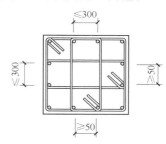

图2.2.4　柱纵筋净距与间距

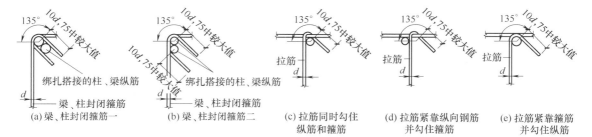

图2.2.5　箍筋、拉筋弯钩构造

注：非框架梁以及不考虑地震作用的悬挑梁，箍筋及拉筋弯钩平直段长度可为$5d$；当其受扭时，应为$10d$。

（二）18G901-3、17G101-11图集中相关施工构造

基础作为柱的嵌固部位，应与柱段有效连接。为方便施工，柱与基础连接处应设置插筋（即与基础相连的柱纵筋）。对于柱下独立基础，当基础高度h_j小于1200mm时，采用图

2.2.6 的柱插筋锚固方式。查阅本工程的结构设计总说明可知，本工程框架结构抗震等级为三级，基础及柱混凝土强度等级为 C30，柱纵筋为 HRB400 级钢筋，直径有 18mm、20mm、22mm、25mm 四种规格，故 $l_{aE}=37d>$ 独立基础高度（600mm）$>0.6l_{aE}=22.2d>20d$。因此应采用图 2.2.6（b）的锚固构造形式。依据图 2.2.6（b），柱插筋应伸至基础底部并支在基础板底钢筋网片上，并在基础高度范围内设置间距不大于 500mm 且不少于两道非复合箍筋，但按照结构设计总说明，在基础内应设置三道非复合箍筋。

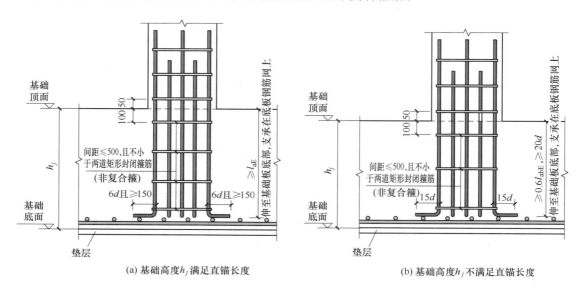

图 2.2.6　柱插筋在基础中的排布构造

💡 **特别提示**

查阅"××××电缆生产基地办公综合楼"基础平面布置图（结施 3/13）中 $A-A$ 剖面图可知，柱插筋弯折段长度标注为 250mm，不满足标准构造要求。慎重起见，应与设计单位沟通。本书按照标准构造要求执行。

查阅本工程的结构设计总说明可知，室内地坪以下为二 a 类环境，柱混凝土保护层厚度 $c=25mm$；室内地坪以上为一类环境，$c=20mm$。为方便施工，基础段柱截面外扩 5mm（即柱截面边长增加 10mm），见图 2.2.7，以保证柱纵筋位置不变。

（三）22G101-1、18G901-1 图集中相关施工构造

1. 纵向钢筋连接构造

纵向钢筋接头属于钢筋受力的薄弱环节，因此柱插筋应伸出基础顶面一定高度，并且相邻纵筋接头位置应错开设置。柱纵筋接长一般采用焊接连接或机械连接，其施工构造应满足图 2.2.8 所示的要求。

2. 箍筋构造

（1）复合箍筋的复合方式应满足图 2.2.9 的要求。

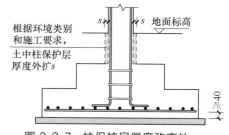

图 2.2.7　柱保护层厚度改变处外扩附加保护层

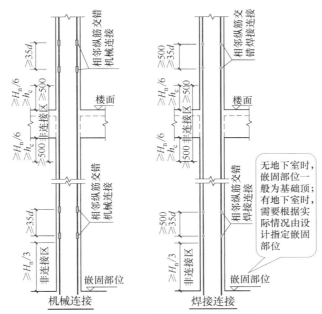

图 2.2.8　框架柱纵向钢筋连接位置

注：1. 图中 h_c 为柱截面长边尺寸，H_n 为所在楼层的柱净高。

2. 柱相邻纵向钢筋连接接头应相互错开，位于同一连接区段纵向钢筋接头面积百分率不宜大于 50%。

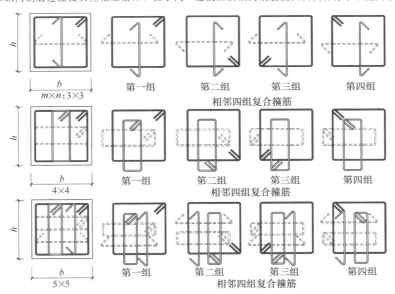

图 2.2.9　复合箍筋的复合方式示例

注：1. 图中柱箍筋复合方式标注中，m 为柱截面横向箍筋肢数，n 为柱截面竖向箍筋肢数。图中为 $m=n$ 时的柱截面箍筋排布方案；当 $m \neq n$ 时，可根据图中所示排布规则确定柱截面横向、竖向箍筋的具体排布方案。

2. 柱纵向钢筋、复合箍筋排布应遵循对称均匀原则，箍筋转角处应有纵向钢筋。

3. 柱复合箍筋应采用截面周边外封闭大箍加内封闭小箍的组合方式（大箍套小箍），内部复合箍筋的相邻两肢形成一个内封闭小箍，当复合箍筋的肢数为单数时，设一个单肢箍。沿外封闭箍筋周边箍筋局部重叠不宜多于两层。

4. 图示单肢箍为紧靠箍筋并勾住纵筋，也可以同时勾住纵筋和箍筋。

5. 若在同一组内复合箍筋各肢位置不能满足对称性要求，钢筋绑扎时，沿柱竖向相邻两组箍筋位置应交错对称排布。

6. 柱横截面内部横向复合箍筋应紧靠外封闭箍筋一侧（图中为下侧）绑扎，竖向复合箍筋应紧靠外封闭箍筋另一侧（图中为上侧）绑扎。

7. 柱封闭箍筋（外封闭大箍与内封闭小箍）弯钩位置应沿柱竖向按顺时针方向（或逆时针方向）顺序排布。

8. 箍筋对纵筋应满足隔一拉一的要求。

9. 框架柱箍筋加密区内的箍筋肢距：一级抗震等级，不宜大于 200mm；二、三级抗震等级，不宜大于 250mm 和 20 倍箍筋直径的较大值；四级抗震等级，不宜大于 300mm。

（2）柱箍筋沿柱纵向排布构造应满足图 2.2.10 的要求。

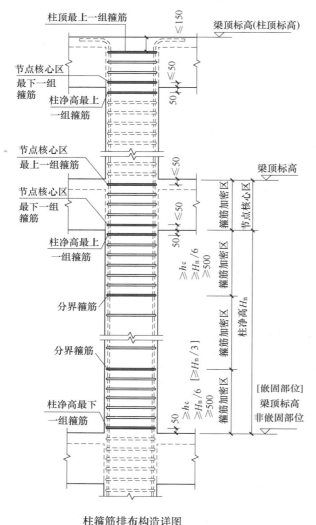

注：1. h_c 为柱长边尺寸。除具体工程设计标注有箍筋全高加密的柱外，柱箍筋加密区按本图所示。

2. 在不同配置要求的箍筋区域分界处应设置一道分界箍筋，分界箍筋应按相邻区域配置要求较高的箍筋配置。

3. 柱净高范围最下一组箍筋距底部梁顶 50mm，最上一组箍筋距顶部梁底 50mm。节点区最下、最上一组箍筋距节点区梁底、梁顶不大于 50mm；当顶层柱顶与梁顶标高相同时，节点区最上一组箍筋距梁顶不大于 150mm。

4. 节点区内部柱箍筋间距依据设计要求并综合考虑节点区梁纵向钢筋排布位置设置。

5. 当柱在某楼层各向均无梁且无板连接时，计算箍筋加密区采用的 H_n 按该跃层柱的总净高取用。

6. 当柱在某楼层单方向无梁且无板连接时，应该分别计算两个方向箍筋加密区范围，并取较大值，无梁方向箍筋加密区范围同注 5。

柱箍筋排布构造详图

（柱高范围箍筋间距相同时，无加密区、非加密区划分）

图 2.2.10 柱箍筋沿柱纵向排布构造

三、决策、计划与实施

列举"××××电缆生产基地办公综合楼"工程中插筋柱段涉及的相关施工构造。

首先自主学习 22G101-1 图集中钢筋一般构造及 KZ 纵筋连接构造与箍筋加密区构造、17G101-11 图集中关于混凝土保护层的规定，并与 18G901-1 图集中钢筋一般构造及嵌固部位框架柱纵筋和箍筋标准构造详图、18G901-3 图集中的柱插筋在基础中的锚固构造相对照，然后与本工程柱平法施工图相结合，列出本工程插筋柱段的施工构造做法清单并提交。

四、检查与评估

分组讨论各自提交的插筋柱段施工构造做法清单，统一认识，形成小组插筋柱段施工构造清单报告。最后，教师对小组提交的插筋柱段施工构造清单报告进行点评。通过任务训练，培养严谨治学、精益求精的工匠精神和依法依规的科学态度。

任务 3 插筋柱段 BIM 建模

一、任务要求

（1）将柱平法施工图中关于插筋柱段的施工信息与标准构造详图相结合，利用 BIM 建模软件，完成结施 4/13 "××××电缆生产基地办公综合楼"插筋柱段的 BIM 建模任务；

（2）多维度动态观察所建插筋柱段 BIM 模型，深入理解柱平法施工图中表达的施工信息并掌握插筋柱段的施工构造；

（3）培养严谨治学、精益求精的工匠精神、团队协作的精神和依法依规的科学态度。

二、资讯

以⑭A轴与③轴交点处的 KZ-1 为例。KZ-1 建模信息汇总如下：（未注明的尺寸单位为 mm）

1. KZ-1 图纸信息

KZ-1 有两根，分别位于⑭A轴与③、④轴交点处，与轴线居中布置。其插筋柱段截面尺寸为：$(400+10) \times (400+10)$（二 a 类环境，混凝土保护层厚度加大 5mm）。

与 KZ-1 相连的基础顶标高为 -2.600m（即为柱底标高）；地下层结构顶标高为 -0.100m，与 KZ-1 相连的 KL 截面高度：⑭A轴方向梁高 400，③轴方向梁高 500〔查阅"××××电缆生产基地办公综合楼"标高 -0.100 结构层梁平法施工图（结施 6/13）可得〕。

KZ-1 纵筋为三级钢，角部纵筋直径为 18mm；上、下侧中部各附加 1 根直径 18mm 的纵筋；左、右侧中部各附加 1 根直径 20mm 的纵筋。箍筋为一级钢，直径 8mm，间距 100mm（全柱段加密），复合箍筋肢数为 3×3。

KZ-1 及与之相连的基础的混凝土强度等级为 C30。

2. KZ-1 施工构造做法

插筋（柱纵筋）：插筋伸至柱下独立基础底部钢筋网片之上，弯折锚固，弯折段长度 $15d=300$，弯弧内半径 $2d=40$mm（按较大钢筋直径确定）。

插筋伸出基础顶面高度（插筋接头位置）：低位钢筋为 $H_n/3 = (2600-100-400)/3 = 700$（取较小梁高）；高位钢筋为 $700+35d=1400$。

箍筋：基础中设 3 道非复合封闭箍筋，最上一道非复合封闭箍筋距基础顶 100。柱底箍筋加密区范围 700，柱底第一组箍筋位于基础顶上 50。箍筋端部弯折长度为 $10d=80$（本工程抗震等级为三级），弯曲角度135°，弯弧内半径为 $2d=16$。

混凝土保护层厚度 25mm。

三、决策、计划与实施

参照 KZ-1 插筋柱段施工构造示例及附录 BIM 建模指导，对本工程的 KZ 插筋柱段进行 BIM 建模。

示例： KZ-1 插筋柱段施工构造

柱下独立基础及 KZ 插筋 BIM 模型见图 2.2.11。KZ-1 配筋施工构造见图 2.2.12、图 2.2.13。

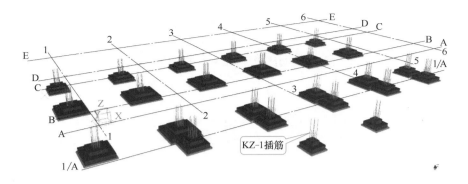

图 2.2.11　柱下独立基础及 KZ 插筋 BIM 模型

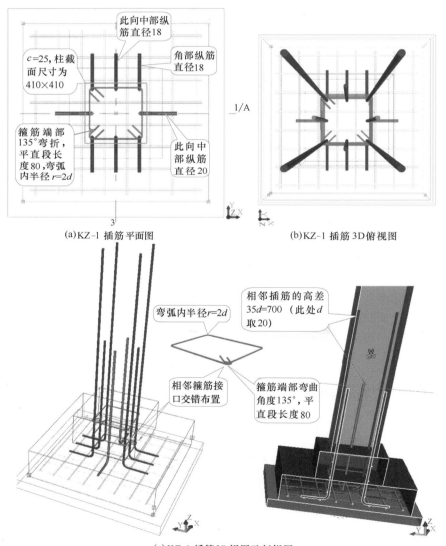

此向中部纵筋直径18

角部纵筋直径18

$c=25$，柱截面尺寸为 410×410

箍筋端部135°弯折，平直段长度80，弯弧内半径 $r=2d$

此向中部纵筋直径20

(a)KZ-1 插筋平面图

(b)KZ-1 插筋 3D 俯视图

弯弧内半径 $r=2d$

相邻插筋的高差 $35d=700$（此处 d 取20）

相邻箍筋接口交错布置

箍筋端部弯曲角度135°，平直段长度80

(c)KZ-1 插筋3D视图及剖视图

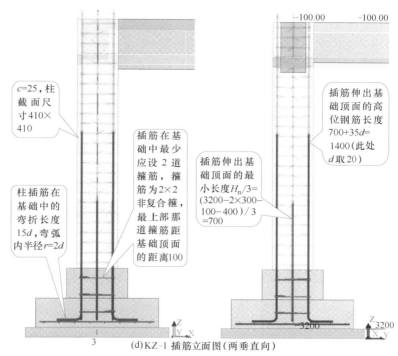

注：若与 KZ 相连的 KL 截面高度不同，计算 H_n 时可取较小梁高；计算相邻纵筋接头高差时，可按较大钢筋直径计算。

图 2.2.12　KZ-1 插筋构造

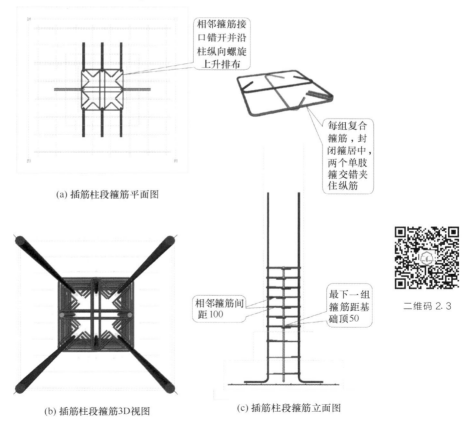

图 2.2.13　KZ-1 插筋柱段箍筋构造

四、检查与评估

首先小组成员之间交互检查各自所建插筋柱段 BIM 模型，查阅构件中钢筋与混凝土属性，量取相关构造尺寸，并与图纸信息和标准配筋构造进行比对，检查对图纸信息和标准构造详图的掌握程度。然后小组提交最为满意的插筋柱段 BIM 模型，教师进行检查与点评，通过查漏补缺，不断提高平法识图能力和对标准构造的灵活应用能力。

通过任务训练，培养严谨治学、精益求精的工匠精神、团队协作的精神和依法依规的科学态度。

子项目 2.2
中间层柱段施工图、施工构造与 BIM 建模

任务 1　阅读标高−0.100～4.150柱段平法施工图

一、任务要求

（1）进一步学习 22G101-1 图集中柱平法施工图制图规则部分的内容，能够读懂柱平法施工图；

（2）请认真阅读"××××电缆生产基地办公综合楼"柱平法施工图（标高〈基顶～4.150〉柱平面图），获取中间层柱段图纸信息并回答如下问题：

① KZ-1 柱顶结构标高为_____ m，除 KZ-1 外，其他首层柱本层柱段上部结构标高为_____ m。首层柱混凝土强度等级为_____，保护层厚度为_____ mm。

② KZ-1 在 −0.100～3.600 之间截面尺寸为_____，纵筋为_____（其中角部纵筋为_____），箍筋为_____；KZ-2 在 − 0.100 ～ 4.150 之间截面尺寸为_____，纵筋为_____（其中角部纵筋为_____），箍筋为_____。位于Ⓐ轴与⑥轴交点的 KZ-2 的柱顶标高为_____ m；KZ-4 在 −0.100～4.150 之间截面尺寸为_____，纵筋为_____（其中角部纵筋为_____），箍筋为_____。

③ KZ-3 在 −0.100～4.1500 之间截面尺寸为_____，纵筋为_____（其中角部纵筋为_____）。_____轴、_____轴交点及_____轴、_____轴交点的 KZ-3 在−0.100～4.150 之间截箍筋为_____，其他 KZ-3 的箍筋为_____。

（3）请对比 −0.100～4.150 柱段与 4.150～8.050 柱段 KZ 纵筋变化，其中Ⓐ轴与②轴交点的 KZ-1 纵筋变化为由_____改变为_____；Ⓑ轴与③轴交点的 KZ-2 纵筋变化为由_____改变为_____；Ⓑ轴与④轴交点的 KZ-2 纵筋变化为由_____改变为_____；Ⓑ轴与⑤轴交点的 KZ-3 纵筋变化为由_____改变为_____。−0.100～4.150 柱段与 4.150～8.050 柱段 KZ 箍筋_____（有或无）变化。

二、资讯

参见"子项目 2.1　插筋柱段施工图、施工构造与 BIM 建模"之"任务 1　阅读标高基顶～−0.100 柱段平法施工图"。

三、决策、计划与实施

阅读"××××电缆生产基地办公综合楼"标高基顶～4.150 柱平法施工图（结施 4/13）。

首先进一步学习 22G101-1 图集中关于柱平法施工图制图规则部分的内容，然后阅读

"××××电缆生产基地办公综合楼"标高基顶~4.150柱平法施工图（结施4/13），形成柱平法施工图自审笔记并提交。

四、检查与评估

分组讨论各自的柱平法施工图自审笔记，统一认识，形成小组图纸自审报告。最终，教师对小组提交的柱平法施工图自审报告进行点评。通过任务训练，培养追求知识、严谨治学、依法依规的科学态度。

任务2 识读中间层柱段施工构造

一、任务要求

（1）进一步学习 22G101-1 图集中钢筋 KZ 纵筋连接构造与箍筋加密区构造，并与18G901-1 图集中框架中间层端节点、中间节点钢筋排布构造详图相对照，具备依据标准构造详图对中间层柱段进行施工的能力；

（2）列举"××××电缆生产基地办公综合楼"中间层柱段中涉及的相关施工构造；

（3）培养严谨治学、精益求精的工匠精神和依法依规的科学态度。

二、资讯

1. 纵筋接头构造及箍筋构造

参见"子项目 2.1 插筋柱段施工图、施工构造与 BIM 建模"之"任务 2 识读插筋柱段施工构造"。

2. 纵筋配筋变化处构造

当楼层间柱纵筋配筋情况发生变化时，其施工构造应满足图 2.2.14 的要求。

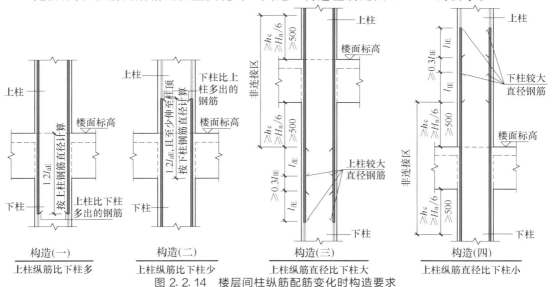

图 2.2.14 楼层间柱纵筋配筋变化时构造要求

注：1. 图中 h_c 为柱截面长边尺寸，H_n 为所在楼层的柱净高。

2. 柱相邻纵向钢筋连接接头应相互错开，位于同一连接区段纵向钢筋接头面积比例不宜大于 50%。

3. 框架柱纵向钢筋直径 $d > 25\text{mm}$ 时，不宜采用绑扎搭接接头。

4. 框架柱纵向钢筋应贯穿中间层节点，不应在中间各层节点内截断，钢筋接头应设在节点核心区以外。

5. 框架柱纵向钢筋连接接头位置应避开柱端箍筋加密区，当无法避开时（节点核心区不应采用任何形式的接头），应采用接头等级为 I 级或 II 级的机械连接，且钢筋接头面积比例不宜大于 50%。

6. 构造（一）~构造（四）中表示的均为绑扎搭接，也可采用机械连接或焊接连接。

7. 机械连接和焊接接头的类型及质量应符合国家现行有关标准的规定。

查阅"××××电缆生产基地办公综合楼"标高基顶～4.150柱平法施工图（结施4/13）与标高4.150以上柱平法施工图（结施5/13）可知，Ⓐ轴与②轴，Ⓑ轴与③轴、④轴、⑤轴交点处的柱纵筋在标高4.150处发生变化。如Ⓑ轴与⑤轴交点处的KZ-3，标高4.150以下纵筋配筋信息为4Φ20＋4Φ18＋4Φ18，而标高4.150以上纵筋配筋信息为4Φ22＋4Φ22＋4Φ20，上部纵筋直径均大于下部纵筋直径，故纵筋接头构造应按图2.2.14中的构造（三）施工。

三、决策、计划与实施

列举"××××电缆生产基地办公综合楼"工程中框架中间层柱段涉及的相关施工构造。

首先自主学习22G101-1图集中钢筋KZ纵筋连接构造与箍筋加密区构造，并与18G901-1图集中框架中间层端节点、中间节点钢筋排布构造详图相对照，然后与本工程柱平法施工图相结合，列出本工程中间层柱段的施工构造做法清单并提交。

四、检查与评估

分组讨论各自提交的中间层柱段施工构造做法清单，统一认识，形成小组中间层柱段施工构造清单报告。最终，教师对小组提交的中间层柱段施工构造清单报告进行点评。通过任务训练，培养严谨治学、精益求精的工匠精神和依法依规的科学态度。

任务3 中间层柱段 BIM 建模

一、任务要求

（1）将柱平法施工图中关于中间层柱段的施工信息与标准构造详图相结合，利用BIM建模软件，完成"××××电缆生产基地办公综合楼"中间层柱段（结施4/13中标高－0.100～4.150柱段）的BIM建模任务；

（2）多维度动态观察所建中间层柱段BIM模型，深入理解柱平法施工图中表达的施工信息并掌握中间层柱段的施工构造；

（3）培养严谨治学、精益求精的工匠精神、团队协作的精神和依法依规的科学态度。

二、资讯

以Ⓑ轴与⑤轴交点处的KZ-3（标高－0.100～4.150柱段）为例。KZ-3建模信息汇总如下：（未注明的尺寸单位为mm）

1. KZ-3 图纸信息

本层KZ-3共有11根，其柱段截面尺寸为500×500，其柱位与轴线有偏移。如Ⓑ轴与

⑤轴交点处的KZ-3，其柱位情况为：　　　　　　　。

KZ-3的纵筋为4Φ20＋4Φ18＋4Φ18，其中角部纵筋为4Φ20；箍筋信息为φ8@100/200，箍筋肢数为4×4。需要特别注意的是，Ⓑ轴与⑤轴交点处KZ-3在标高4.150m以上柱段纵筋发生变化，其纵筋为4Φ22＋4Φ22＋4Φ20，施工时应特别注意。

KZ-3的混凝土强度等级为C30。

2. KZ-3 施工构造做法

柱纵筋：由于上层纵筋直径大于本层纵筋直径，故纵筋接头应设置在本层上部。

$H_n/6=(4150+100-500)/6=625>500$，可取 650。则高位钢筋接头自本层（标高 -0.100m）高出 $[4.150-0.600-0.650]+0.100=3.000$（m），低位钢筋接头高出本层 $3.000-35d=2.230$（m）。

本层纵筋伸出标高 4.150 的低位钢筋高度为 $H_n/6=(8050-4150-500)/6=566.67$，取 650；高位钢筋 $650+35d=1420$。

箍筋：柱底、柱顶箍筋加密区范围 625，可取 650，梁、柱节点区柱箍筋连续加密布置，梁箍筋不再布置。柱底第一组箍筋位于本层结构标高以上 50mm；柱顶第一组箍筋位于梁底 50mm；梁、柱节点区上、下两组柱箍筋分别距梁顶、梁底 50mm。箍筋端部弯折长度为 $10d=80$mm（本工程抗震等级为三级），弯曲角度 135°，弯弧内半径为 $2d=16$mm。

混凝土保护层厚度 20mm。

三、决策、计划与实施

参照Ⓑ轴与⑤轴交点处的 KZ-3（标高 $-0.100\sim4.150$ 柱段）施工构造示例及附录 BIM 建模指导，对本工程标高 $-0.100\sim4.150$ 的柱段进行 BIM 建模。

示例： Ⓑ轴与⑤轴交点的 KZ-3（标高 $-0.100\sim4.150$ 柱段）施工构造

由于Ⓑ轴与⑤轴交点的 KZ-3 的下部纵筋为 4Φ20+4Φ18+4Φ18，而上部纵筋为 4Φ22+4Φ22+4Φ20，即上柱纵筋直径比下柱纵筋直径大，其施工构造见图 2.2.15。

标高 $-0.100\sim4.150$KZ 的 BIM 模型见图 2.2.16。

四、检查与评估

首先小组成员之间交互检查各自所建标高 $-0.100\sim4.150$ 柱段 BIM 模型，查阅构件中钢筋与混凝土属性，量取相关构造尺寸，并与图纸信息和标准构造详图进行比对，检查对图纸信息和标准构造详图的掌握程度。然后小组提交成员中最为满意的标高 $-0.100\sim4.150$ 柱段 BIM 模型，教师进行检查与点评，通过查漏补缺，不断提高平法识图能力和对标准构造的灵活应用能力。

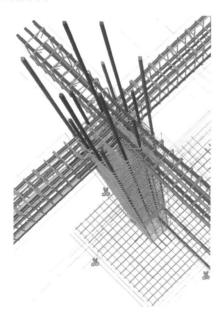
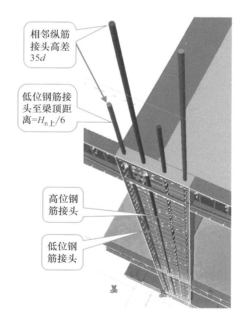

相邻纵筋接头高差 $35d$

低位钢筋接头至梁顶距离 $=H_{n上}/6$

高位钢筋接头

低位钢筋接头

(a) 3D视图及剖视图

图 2.2.15

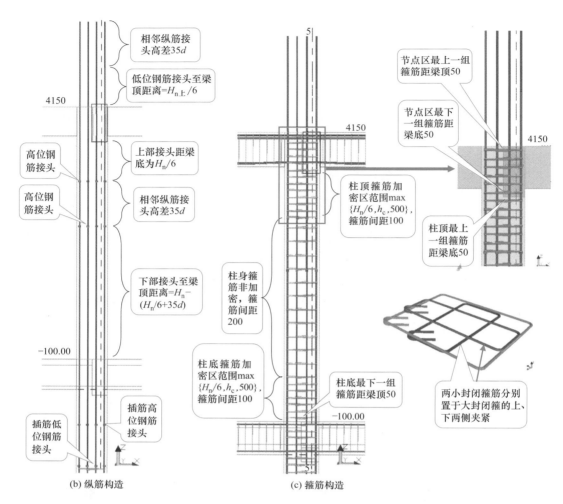

相邻纵筋接头高差35d

低位钢筋接头至梁顶距离=$H_{n上}/6$

4150

高位钢筋接头

高位钢筋接头

上部接头距梁底为$H_n/6$

相邻纵筋接头高差35d

下部接头至梁顶距离=$H_n-(H_n/6+35d)$

−100.00

插筋高位钢筋接头

插筋低位钢筋接头

(b) 纵筋构造

4150

柱顶箍筋加密区范围max$\{H_n/6,h_c,500\}$，箍筋间距100

柱身箍筋非加密，箍筋间距200

柱底箍筋加密区范围max$\{H_n/6,h_c,500\}$，箍筋间距100

柱底最下一组箍筋距梁顶50

−100.00

(c) 箍筋构造

节点区最上一组箍筋距梁顶50

节点区最下一组箍筋距梁底50

4150

柱顶最上一组箍筋距梁底50

两小封闭箍筋分别置于大封闭箍的上、下两侧夹紧

图 2.2.15　Ⓑ轴与⑤轴交点的 KZ-3 施工构造

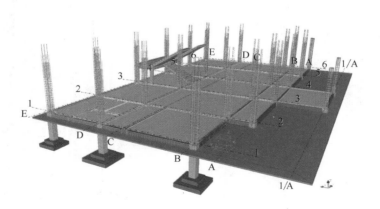

图 2.2.16　标高−0.100～4.150 柱段 BIM 模型

　　通过任务训练，培养严谨治学、精益求精的工匠精神、团队协作的精神和依法依规的科学态度。

子项目 2.3

顶层柱段施工图、施工构造与 BIM 建模

任务 1 阅读标高 4.150～12.000 柱段平法施工图

一、任务要求

（1）深入学习 22G101-1 图集中柱平法施工图制图规则部分的内容，能够全面、深入地读懂柱平法施工；

（2）请认真阅读"××××电缆生产基地办公综合楼"标高 4.150 以上柱平法施工图（结施 5/13），获取顶层柱段图纸信息，并回答如下问题：

① 三层柱柱顶结构标高均为＿＿＿＿＿＿＿ m，混凝土强度等级为＿＿＿＿＿＿，保护层厚度为＿＿＿＿＿＿ mm。

② KZ-1 在 8.050～12.000 之间截面尺寸为＿＿＿＿＿＿＿，纵筋为＿＿＿＿＿（其中角部纵筋为＿＿＿＿＿），箍筋为＿＿＿＿＿＿＿＿；KZ-2 在 8.050～12.000 之间截面尺寸为＿＿＿＿＿＿，纵筋为＿＿＿＿（其中角部纵筋为＿＿＿＿＿），箍筋为＿＿＿＿＿＿＿；KZ-3 在 8.050～12.000 之间截面尺寸为＿＿＿＿＿＿＿，纵筋为＿＿＿＿＿（其中角部纵筋为＿＿＿＿＿）。

③ KZ-4 在 8.050～12.000 之间截面尺寸为＿＿＿＿＿＿＿＿，纵筋为＿＿＿＿＿（其中角部纵筋为＿＿＿＿＿），箍筋为＿＿＿＿＿＿＿＿；KZ-4* 位于＿＿＿＿＿＿＿＿＿＿＿＿＿＿＿＿＿，箍筋为＿＿＿＿＿＿＿＿＿＿＿＿＿。

二、资讯

参见"子项目 2.1 插筋柱段施工图、施工构造与 BIM 建模"之"任务 1 阅读标高基顶～－0.100 柱段平法施工图"。

三、决策、计划与实施

阅读"××××电缆生产基地办公综合楼"标高 4.150 以上柱平法施工图（结施 5/13）。

首先深入学习 22G101-1 图集中关于柱平法施工图制图规则部分的内容，然后阅读"××××电缆生产基地办公综合楼"标高 4.150 以上柱平法施工图（结施 5/13），形成柱平法施工图自审笔记并提交。

四、检查与评估

分组讨论各自的柱平法施工图自审笔记，统一认识，形成小组图纸自审报告。最终，教师对小组提交的柱平法施工图自审报告进行点评。通过任务训练，培养追求知识、严谨治学、依法依规的科学态度。

任务 2 识读顶层柱段施工构造

一、任务要求

（1）深入学习 22G101-1 图集中 KZ 柱顶纵筋构造，并与 18G901-1 图集中框架部分的框架顶层端节点、中间节点钢筋排布构造详图相对照，具备依据标准构造详图对顶层柱段进行

正确、合理施工的能力；

（2）列举"××××电缆生产基地办公综合楼"顶层柱段中涉及的相关施工构造；

（3）培养严谨治学、精益求精的工匠精神和依法依规的科学态度。

二、资讯

1. 纵筋接头构造及箍筋构造

参见"子项目 2.1 插筋柱段施工图、施工构造与 BIM 建模"之"任务 2 识读插筋柱段施工构造"。

2. 柱顶纵筋构造

（1）KZ 边柱和角柱柱顶纵筋构造

① 柱外侧纵筋弯入梁内。KZ 边柱和角柱柱顶纵筋采用柱外侧纵筋弯入梁内的做法时，应满足图 2.2.17 的构造要求。

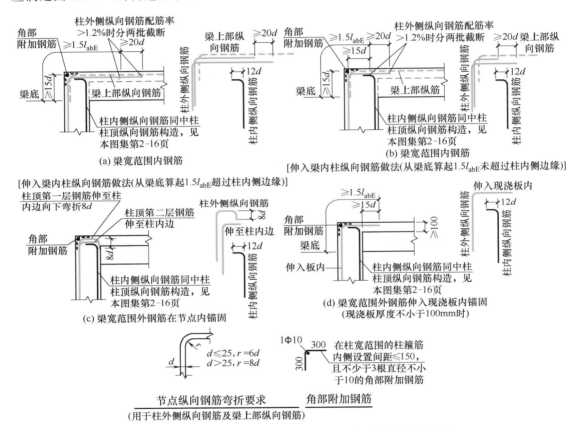

图 2.2.17　柱外侧纵筋和梁上部纵筋在节点外侧弯折搭接构造

注：1. KZ 边柱和角柱梁宽范围外节点外侧柱纵向钢筋构造应与梁范围内节点外侧和梁端顶部弯折搭接构造配合使用。

2. 梁宽范围内 KZ 边柱和角柱柱顶纵向钢筋伸入梁内的柱外侧纵筋不宜少于柱外侧全部纵筋面积的 65％。

3. 节点纵向钢筋弯折要求和角部附加钢筋要求见图集第 2-15 页。

② 梁上部纵筋弯入柱内。KZ 边柱和角柱柱顶纵筋采用梁上部纵筋弯入柱内的做法时，应满足图 2.2.18 的构造要求。分析可见，梁上部纵筋弯入柱内施工自由度较大，与屋面梁纵筋交叉较少，故本工程边柱和角柱柱顶纵筋构造选用图 2.2.18 所示的构造做法。

当柱外侧纵筋直径不小于梁上部纵筋时，梁宽范围内柱外侧纵筋可弯入梁内作梁上部

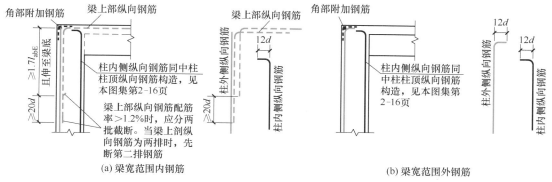

图 2.2.18 柱外侧纵筋和梁上部纵筋在柱顶外侧直线搭接构造

纵筋（图 2.2.19），与图 2.2.17 的柱外侧纵筋和梁上部纵筋在节点外侧弯折搭接构造（梁宽范围内钢筋）组合使用。

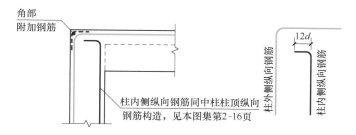

图 2.2.19 梁宽范围内柱外侧纵筋弯入梁内作梁纵筋构造

（2）KZ 中柱柱顶纵向钢筋构造

KZ 中柱柱顶纵向钢筋构造应满足图 2.2.20 的要求。分析可见，节点②便于浇筑混凝土，在允许的情况下，中柱柱顶纵筋构造宜选用节点②所示的构造做法。

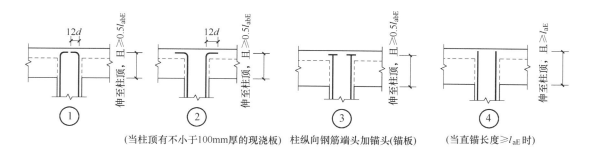

图 2.2.20 KZ 中柱柱顶纵筋构造

注：中柱柱顶纵筋构造分四种构造做法，施工人员应根据各种做法所要求的条件正确选用。

三、决策、计划与实施

列举"××××电缆生产基地办公综合楼"工程中顶层柱段涉及的相关施工构造。

首先深入学习 22G101-1 图集中 KZ 柱顶纵筋构造，并与 18G901-1 图集中框架部分的框架顶层端节点、中间节点钢筋排布构造详图相对照，然后与本工程柱平法施工图相结合，列出本工程顶层柱段的施工构造做法清单并提交。

四、检查与评估

分组讨论各自提交的顶层柱段施工构造做法清单，统一认识，形成小组顶层柱段施工构造清单报告。最终，教师对小组提交的顶层柱段施工构造清单报告进行点评。通过任务训练，培养严谨治学、精益求精的工匠精神和依法依规的科学态度。

任务 3　顶层柱段 BIM 建模

一、任务要求

（1）将柱平法施工图中关于顶层柱段的施工信息与标准构造详图相结合，利用 BIM 建模软件，完成"××××电缆生产基地办公综合楼"顶层柱段（结施 5/13 中标高 8.050～12.000 柱段）的 BIM 建模任务；

（2）多维度动态观察所建顶层柱段 BIM 模型，深入理解柱平法施工图中表达的施工信息并掌握顶层柱段的施工构造；

（3）培养严谨治学、精益求精的工匠精神、团队协作的精神和依法依规的科学态度。

二、资讯

以Ⓑ轴与①轴交点处的 KZ-3（角柱）为例。KZ-3 建模信息汇总如下：（未注明的尺寸单位为 mm）

1. KZ-3 图纸信息

本层 KZ-3 共有 3 根，其柱段截面尺寸为 500×500，其柱位与轴线有偏移。如Ⓑ轴与①

轴交点处的 KZ-3，其柱位情况为：。

KZ-3 的纵筋为 4 ⏀ 22＋4 ⏀ 22＋4 ⏀ 20，其中角部纵筋为 4 ⏀ 22，上、下侧各附加 2 ⏀ 22，左、右侧各附加 2 ⏀ 20；箍筋信息为 ⏀8@100/200，箍筋肢数为 4×4。

KZ-3 的混凝土强度等级为 C30。

2. KZ-3 施工构造信息

柱纵筋：由下层纵筋伸出本层结构标高的低位钢筋高度为 $H_n/6＝(12000－8050－500)/6＝575$，可取 650；高位钢筋高度为 $650＋35d＝1420$。

柱顶纵筋采用节点⑤所示的构造做法，梁宽范围内的柱外侧纵筋于柱顶切断，梁宽范围外的柱外侧纵筋于柱顶向内弯折 $12d$（弯弧内半径 $6d$）；内侧纵筋向内弯折 $12d$（弯弧内半径 $2d$），其中一个方向的弯折段向下缩短 50mm，以避让另一个方向纵筋的弯折段钢筋。屋面梁上部纵筋伸至柱外侧纵筋内侧并向下弯折 $1.7l_{abE}$，一批切断（弯弧内半径 $6d$）；屋面梁下部纵筋伸至柱屋面梁上部纵筋弯折段内侧向上弯折 $15d$。

箍筋：柱底、柱顶箍筋加密区范围 575，宜取 650，梁、柱节点区柱箍筋连续加密布置，梁箍筋不再布置。柱底第一组箍筋位于本层结构标高以上 50；柱顶第一组箍筋位于梁底 50；梁、柱节点区上、下两组柱箍筋分别距梁顶、梁底 50。箍筋端部弯折长度为 $10d＝80$（本工程抗震等级为三级），弯曲角度 135°，弯弧内半径为 $2d＝16$。

混凝土保护层厚度 20mm。

三、决策、计划与实施

参照Ⓑ轴与②轴交点处的 KZ-3（边柱）、Ⓑ轴与①轴交点处的 KZ-3（角柱）、①轴与②轴交点处的 KZ-4（中柱）顶层柱段施工构造示例及附录 BIM 建模指导，对本工程的顶层柱段进行 BIM 建模。

示例 1：Ⓑ轴与②轴交点处 KZ-3（边柱）顶层柱段施工构造

Ⓑ轴与②轴交点处 KZ-3（边柱）顶层柱段施工构造见图 2.2.21，柱顶节点纵筋构造见图 2.2.22。

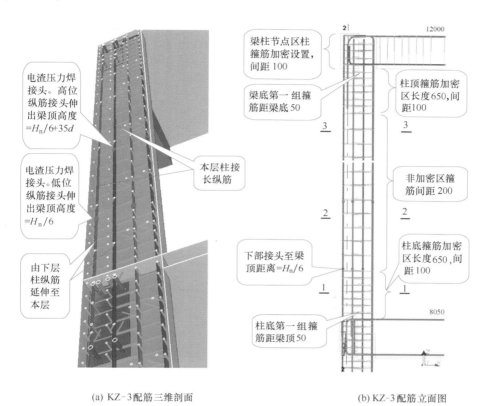

图 2.2.21　KZ-3（边柱）顶层柱段施工构造

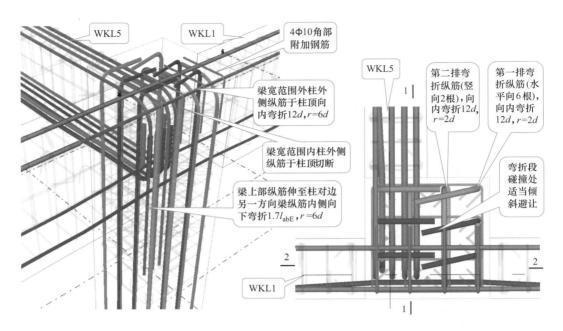

(a) KZ-3(边柱)柱顶节点纵筋构造3D视图   (b) KZ-3(边柱)柱顶节点纵筋构造平面图

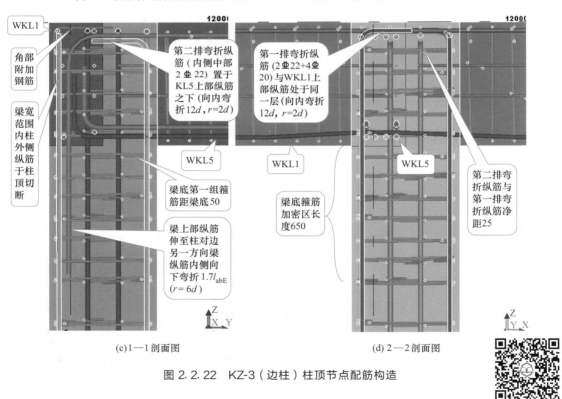

(c)1—1剖面图   (d) 2—2剖面图

图 2.2.22   KZ-3（边柱）柱顶节点配筋构造

二维码 2.4

示例 2： ⑧轴与①轴交点处的 KZ-3（角柱）顶层柱段施工构造

⑧轴与①交轴交点处 KZ-3（角柱）顶层柱段柱身施工构造参见图 2.2.21，柱顶节点纵筋构造见图 2.2.23。

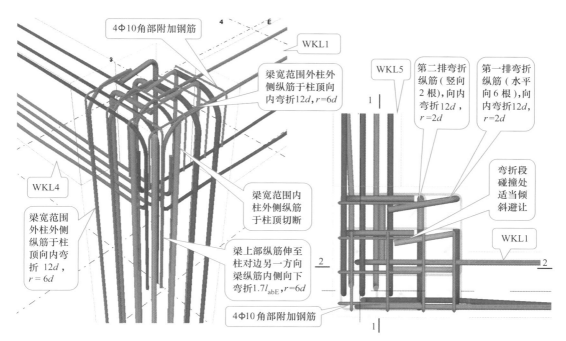

（a）KZ-3（角柱）柱顶节点纵筋构造 3D视图 　　　　（b）KZ-3（角柱）柱顶节点纵筋构造平面图

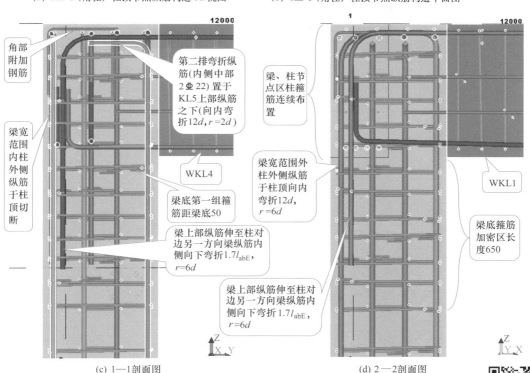

（c）1—1剖面图 　　　　　　　　　　　　　（d）2—2剖面图

图 2.2.23　KZ-3（角柱）柱顶节点配筋构造

示例 3： ①轴与③轴交点处 KZ-4（中柱）施工构造

　　①轴与③交轴交点处 KZ-4（中柱）顶层柱段柱身施工构造参见图 2.2.21，二维码 2.5 柱顶节点纵筋构造见图 2.2.24。

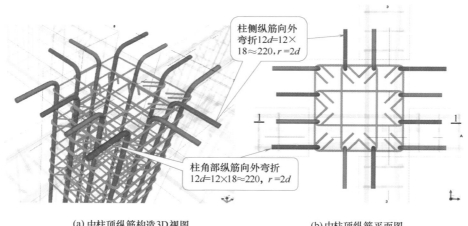

柱侧纵筋向外弯折12d=12×18≈220,r=2d

柱角部纵筋向外弯折12d=12×18≈220,r=2d

(a) 中柱顶纵筋构造3D视图   (b) 中柱顶纵筋平面图

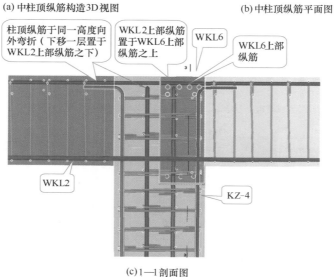

柱顶纵筋于同一高度向外弯折（下移一层置于WKL2上部纵筋之下）

WKL2上部纵筋置于WKL6上部纵筋之上

WKL6

WKL6上部纵筋

WKL2

KZ-4

(c) 1—1 剖面图

图 2.2.24   KZ-4（中柱）柱顶节点纵筋构造

顶层柱段 BIM 模型见图 2.2.25。

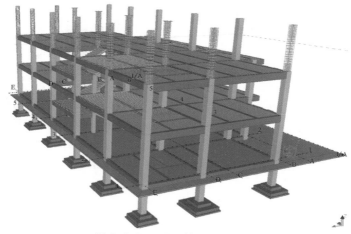

图 2.2.25   顶层柱段 BIM 模型

四、检查与评估

首先小组成员之间交互检查各自所建顶层柱段 BIM 模型，查阅构件中钢筋与混凝土属性，量取相关构造尺寸，并与图纸信息和标准构造详图进行比对，检查对图纸信息和标准构造详图的掌握程度。然后小组提交最为满意的顶层柱段 BIM 模型，教师进行检查与点评，通过查漏补缺，不断提高平法识图能力和对标准构造的灵活应用能力。

通过任务训练，培养严谨治学、精益求精的工匠精神、团队协作的精神和依法依规的科学态度。

▦ 小结

柱是结构中重要的主受力构件，柱施工质量是结构安全的重要保障。而确保柱施工质量的基本前提就是依据施工图严格按照标准配筋构造施工。

钢筋混凝土柱中主要配置有纵向钢筋和箍筋，其施工图表达方式目前主要采用平法表达。柱平法施工图表达及其主要施工构造如下：

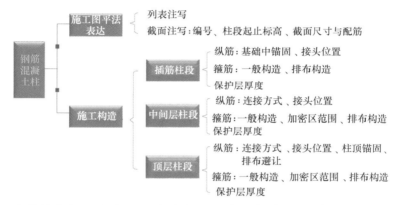

柱 BIM 建模是将柱平法施工图中的施工信息与标准配筋构造相结合，依托真实工程，利用 BIM 建模软件模拟柱施工，以得到强化施工图阅读能力、灵活应用标准配筋构造进行施工的学习目的。

自测与训练

请登录"浙江省高等学校在线开放课程共享平台"（网址：www.zjooc.cn），搜索并加入课程学习，在线完成自测与训练任务。

梁施工图、施工构造与BIM建模

梁中配置的钢筋种类较多，涉及的施工构造内容也较多。为方便学习，按结构楼层将梁分为三个学习子项目：标高－0.100 结构层梁（主要学习楼层框架梁部分内容）、标高 4.150 结构层梁（主要学习非框架梁部分内容）、屋面结构层梁（主要学习屋面框架梁部分内容）。

子项目 3.1

标高－0.100 结构层梁施工图、施工构造与 BIM 建模

任务 1　阅读标高－0.100 结构层梁平法施工图

一、任务要求

（1）学习 22G101-1 标准图集中关于梁平法施工图制图规则部分的内容，能够初步读懂梁平法施工图；

（2）请认真阅读"××××电缆生产基地办公综合楼"标高－0.100 结构层梁平法施工图（结施 6/13），获取标高－0.100 结构层梁的图纸信息，并回答如下问题：

① 标高－0.100 结构层梁混凝土强度等级为_____，保护层厚度为_____ mm。框架梁、柱的抗震等级为_____级。

② 水平向 KL5 梁顶面标高为_____ m，位于_____轴，有_____跨，梁的截面尺寸为_____，下部纵筋为_____，上部贯通纵筋为_____，支座处上部纵筋为_____，其中非贯通纵筋为_____，箍筋加密区为_____，非加密区为_____。

③ 垂直向 KL8 梁顶面标高为_____ m，位于_____轴，有_____跨，梁的截面尺寸为_____，下部纵筋为_____，上部贯通纵筋为_____，跨中支座处纵上部筋为_____，其中非贯通纵筋为_____，箍筋加密区为_____，非加密区为_____。

④ 次梁 L1 梁顶面标高为_____ m，位于_____轴，有_____跨，梁的截面尺寸为_____，下部纵筋为_____，上部纵筋为_____，箍筋为_____。L1 与 KL6 及 KL7 相交处在_____梁两边各附加_____根箍筋，箍筋直径及肢数同_____梁箍筋。

⑤ 请分别说明 KL5、KL8、L1 与轴线的位置关系：_____
_____。

二、资讯

（一）钢筋混凝土梁

1. 钢筋混凝土梁的分类

钢筋混凝土梁一般有如图 2.3.1 所示的几种称谓。

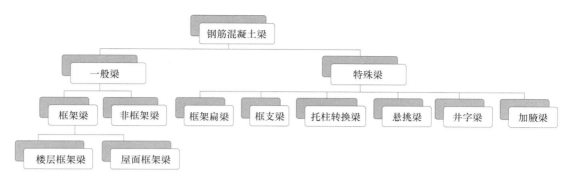

图 2.3.1　钢筋混凝土梁分类

　　本书主要介绍一般梁。目前，比较常见的现浇钢筋混凝土楼（屋）盖一般为由框架梁、非框架梁和现浇板组成的肋形楼盖。两端直接支撑在框架柱上的梁一般称为框架梁（也称主梁），两端支撑在主梁上的梁一般称为非框架梁（也称次梁），如图 2.3.2 所示。梁的截面形式一般为矩形。

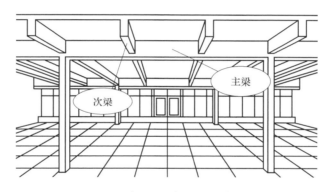

图 2.3.2　主梁（框架梁）与次梁（非框架梁）

2. 钢筋混凝土梁中配筋

钢筋混凝土梁中配置的钢筋如图 2.3.3 所示。

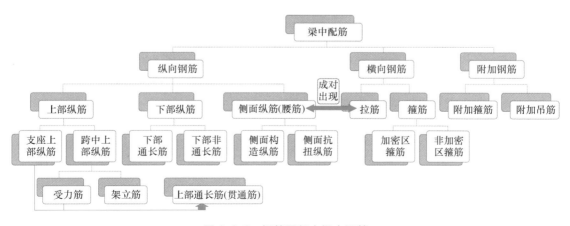

图 2.3.3　钢筋混凝土梁中配筋

钢筋混凝土梁中一般配置有上部通长筋、下部通长筋和箍筋 [图 2.3.4 (a)]，加密区箍筋一般位于梁的两端，非加密区箍筋位于梁的跨中。当梁较高时，为增加梁的侧向刚度，需要在梁的侧面增加构造纵筋以及将其拉结的拉筋；当梁受扭时，需要在梁的侧面增加抗扭纵筋以及拉筋 [图 2.3.4 (b)]。对于主、次梁交接处，主梁承受次梁传来的较大集中荷载，故需要在主梁上增加箍筋或吊筋来加强主梁 [图 2.3.4 (c)]。当梁的下部纵筋较多时，除角部通长筋外的部分纵筋可不伸入支座（即下部非通长筋）。

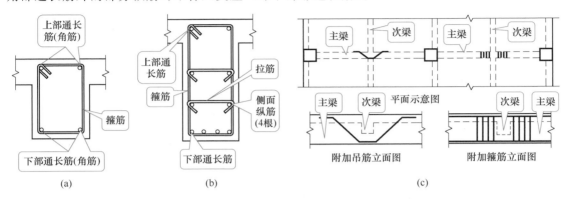

图 2.3.4 梁中配筋

📖 名词解释

当梁上部通长钢筋的数量少于箍筋的肢数时，就需要用直径较小的钢筋把箍筋空着的角点填补起来，这些构造钢筋称之为架立钢筋（简称架立筋）。

通长筋是沿梁全长布置的纵向钢筋（也称贯通钢筋或贯通筋）。

通长筋配置属于受力需要，架立筋配置属于构造需要。通长筋的连接需要满足连接长度 l_{LE} 或 l_L，而架立筋仅需搭接 150mm，见图 2.3.5。

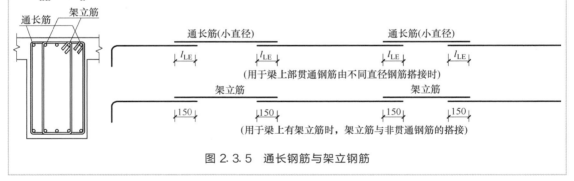

图 2.3.5 通长钢筋与架立钢筋

（1）梁上部或下部纵筋 一般而言，配置在受拉区的纵向受力钢筋主要用来承受由弯矩在梁内产生的拉力，配置在受压区的纵向钢筋主要用于形成空间钢筋骨架，有时也用来补充混凝土受压能力的不足。

（2）箍筋 箍筋主要用来承受由剪力和弯矩或扭矩在梁内引起的拉力，并通过绑扎或焊接把其他钢筋联系在一起，形成空间骨架。

梁宽在 150~350mm 时采用双肢箍；梁宽大于或等于 300mm 时或受拉钢筋一排超过 5 根时可采用三肢箍、四肢箍等，如图 2.3.6 所示。

（3）侧面纵筋及拉筋 侧面纵筋及拉筋的主要作用是，当梁的截面高度较大时，为防止在梁的侧面产生垂直于梁轴线的收缩裂缝，同时也为了增强钢筋骨架的刚度或增强梁的抗扭能力。

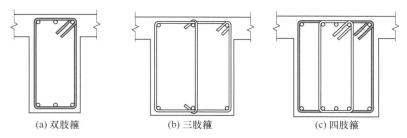

(a) 双肢箍   (b) 三肢箍   (c) 四肢箍

图 2.3.6　箍筋的形式和肢数

⚙ **重点提示**

　　1. 梁侧面构造纵筋是按构造配置的、主要为增强梁钢筋骨架刚度的侧面纵筋；梁侧面受扭纵筋是计算配置的受力钢筋，分担是扭矩产生的梁中应力。

　　2. 当梁侧面配有直径不小于构造纵筋的受扭纵筋时，受扭钢筋可以代替构造钢筋。

（二）钢筋混凝土梁施工图平法表达

　　梁平法施工图表达方式有两种：平面注写方式与截面注写方式。本书主要讲解平面注写方式，截面注写方式请参阅 22G101-1 图集。

　　平面注写方式，系在梁平面布置图上，分别在不同编号的梁中各选择一根梁，在其上注写截面尺寸和配筋具体数值的方式来表达梁平法施工图。平面注写包括集中标注与原位标注，集中标注表达梁的通用数值，原位标注表达梁的特殊数值。当集中标注中的某项数值不适用于梁的某部位时，则将该项数值原位标注；施工时，原位标注取值优先，如图 2.3.7 所示。与此梁平面注写方式表达的内容相对应的四个梁截面配筋图如图 2.3.8 所示（截面编号与平面注写方式相对应）。

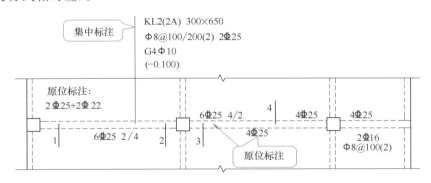

图 2.3.7　平面注写方式示例

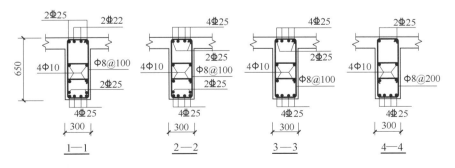

图 2.3.8　梁截面配筋图

1. **集中标注**

梁集中标注的内容，有五项必注值及一项选注值（除梁顶面标高高差为选注值外，其他均为必注值），规定如下。

（1）梁编号。由梁类型代号、序号、跨数及有无悬挑代号组成，应符合表 2.3.1 的规定。

表 2.3.1　梁编号（部分）

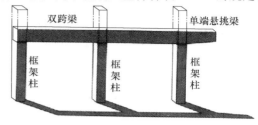

图 2.3.9　框架梁悬挑端示意

梁类别	代号	序号	跨数及是否带有悬挑
楼层框架梁	KL	××	(××)、(××A)或(××B)
屋面框架梁	WKL	××	(××)、(××A)或(××B)
非框架梁	L	××	(××)、(××A)或(××B)
悬挑梁	XL	××	(××)、(××A)或(××B)

注：(××A) 为一端有悬挑（图 2.3.9），(××B) 为两端有悬挑，悬挑不计入跨数。

（2）梁截面尺寸。等截面梁时，用 $b \times h$ 表示。

（3）梁箍筋，包括钢筋级别、直径、加密区与非加密区间距及肢数。箍筋加密区与非加密区的不同间距及肢数需用斜线分隔；当梁箍筋为同一种间距及肢数时，则不需用斜线；当加密区与非加密区的箍筋肢数相同时，则将肢数注写一次；箍筋肢数应写在括号内。

图 2.3.7 中Φ8@100/200 (2)，表示箍筋为 HPB300 级钢筋，直径为 8，加密区间距为 100，非加密区间距为 200，均为双肢箍。

（4）梁上部通长筋或架立筋配置。当同排纵筋中既有通长筋又有架立筋时，用加号"＋"将通长筋和架立筋相联。标注时将角部纵筋写在加号的前面，架立筋写在加号后面的括号内，以示不同直径及与通长筋的区别。

例如，2Φ20 用于双肢箍；2Φ20＋4φ12 用于 6 肢箍，其中 2Φ20 为通长筋，4φ12 为架立筋。

当梁的上部纵筋和下部纵筋为全跨相同，且多数跨配筋相同时，此项可加注下部纵筋的配筋值，用分号"；"将上部与下部纵筋的配筋值分隔开来。

例如，4Φ22；3Φ20 表示梁的上部配置 4Φ22 的通长筋，梁的下部配置 3Φ20 的通长筋。

（5）梁侧面纵向构造纵筋或受扭纵筋配置。当梁腹板高度 $h_w \geqslant 450$mm 时，需配置纵向构造纵筋，此项标注值以大写字母 G 打头，标注值是梁两个侧面的总配筋值，是对称配置的。

例如，G4φ10，表示梁的两个侧面共配置 4φ10 的纵向构造钢筋，每侧各配置 2φ10。

当梁侧面需配置受扭纵向钢筋时，此项标注值以大写字母 N 打头，接续标注配置在梁两个侧面的总配筋值且对称配置。受扭纵向钢筋应满足梁侧面纵向构造钢筋的间距要求，且不再重复配置构造钢筋。

例如，N6Φ16，表示梁的两个侧面共配置 6Φ16 的抗扭筋，每侧各配置 3Φ16。

（6）梁顶面标高高差。梁顶面标高高差，系指相对于结构层楼面标高的高差值，对于位于结构夹层的梁，则指相对于结构夹层楼面标高的高差。有高差时，须将其写入括号内，无高差时不注。

2. **原位标注**

原位标注表达梁的特殊数值。当集中标注中的某项数值不适用于梁的某部位时，则将该项数值原位标注。如对于梁支座上部纵筋、梁下部纵筋，施工时原位标注取值优先。梁原位标注的内容规定如下：

（1）梁支座上部纵筋（即支座负筋）。梁支座上部纵筋包含上部贯通纵筋在内的所有纵筋。

① 当上部纵筋多于一排时，用斜线"/"将各排纵筋自上而下分开 。例如，梁支座上部纵筋标注为 6⌀25 4/2，则表示上一排纵筋为 4⌀25，下一排纵筋为 2⌀25。

② 当同排纵筋有两种直径时，用加号"+"将两种直径的纵筋相连，标注时将角部纵筋写在前面。例如，梁支座上部标注为 2⌀25+2⌀22，表示梁支座上部有 4 根纵筋，2⌀25 放在角部，2⌀22 放在中部。

③ 当梁中间支座两边的上部纵筋不同时，须在支座两边分别标注；当梁中间支座两边的上部纵筋相同时，可仅在支座的一边标注配筋值，另一边省去不注。

（2）梁下部纵筋。

① 当下部纵筋多于一排时，用斜线"/"将各排纵筋自上而下分开。例如，梁下部纵筋标注为 6⌀25 2/4，则表示上一排纵筋为 2⌀25，下一排纵筋为 4⌀25，全部伸入支座。

② 当同排纵筋有两种直径时，用"+"将两种直径的纵筋相连，标注时角筋写在前面。

③ 当梁下部纵筋不全部伸入支座时，将梁支座下部纵筋减少的数量写在括号内。例如，梁下部纵筋标注为 6⌀20 2（-2）/4，则表示上排纵筋为 2⌀20，且不伸入支座；下一排纵筋为 4⌀20，全部伸入支座。

④ 当梁的集中标注中已分别标注了梁上部和下部均为贯通的纵筋值时，则不必再在梁下部重复做原位标注。

（3）附加箍筋或吊筋。在主次梁相交处的主梁上一般要设附加箍筋或吊筋，直接将附加箍筋或吊筋画在主梁上，用引线注总配筋值（附加箍筋的肢数注在括号内）。当多数附加箍筋或吊筋相同时，可在梁平法施工图上统一注明，少数与统一注明值不同时，再原位引注（图 2.3.10）。

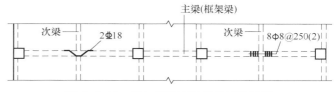

图 2.3.10　附加箍筋和吊筋的画法示例

三、决策、计划与实施

阅读"××××电缆生产基地办公综合楼"标高-0.100 结构层梁平法施工图（结施6/13）。

首先自主学习 22G101-1 图集中关于梁平法施工图制图规则部分的内容，然后阅读"××××电缆生产基地办公综合楼"标高-0.100 结构层梁平法施工图（结施6/13），形成梁平法施工图自审笔记并提交。

四、检查与评估

分组讨论各自的梁平法施工图自审笔记，统一认识，形成小组梁平法施工图自审报告。最后，教师对小组提交的梁平法施工图自审报告进行点评。通过任务训练，培养追求知识、严谨治学、依法依规的科学态度。

任务 2　识读标高-0.100 结构层梁施工构造

一、任务要求

（1）学习 22G101-1 图集中相关楼层框架梁 KL 纵筋构造、中间支座纵筋构造、侧面纵筋构造、箍筋构造，并与 18G901-1 图集中框架部分的框架梁纵向钢筋连接构造、框架梁 KL 箍筋、拉筋排布构造详图、框架中间层端节点、中间节点钢筋排布构造详图相对照，初步具备依据标准构造详图对楼层框架梁进行施工的能力；

（2）列举"××××电缆生产基地办公综合楼"标高-0.100 结构层梁中涉及的框架梁

相关施工构造；

（3）培养严谨治学、精益求精的工匠精神和依法依规的科学态度。

二、资讯

特别提示

当独立基础埋置深度较大，设计人员仅为了降低底层柱的计算高度，也会设置与柱相连的梁（不同时作为联系梁设计），此时应将该梁定义为框架梁 KL，按框架梁的构造要求施工。本工程标高−0.100 结构层梁即按框架梁 KL 的构造要求施工。

1. 一般构造

（1）为了混凝土粗骨料能够顺利通过钢筋间的空隙，保证混凝土的浇筑密实不露筋，从而保证钢筋和混凝土之间的粘接力，必须控制钢筋间净距的大小，其具体要求如图 2.3.11 所示。

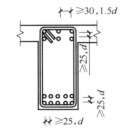

图 2.3.11 梁中纵筋净距

（2）框架梁箍筋、拉筋构造与框架柱基本相同，请参照框架柱学习。

2. 22G101-1、18G901-1 图集中相关施工构造

（1）楼层框架梁 KL 纵向钢筋构造应满足图 2.3.12 的要求。

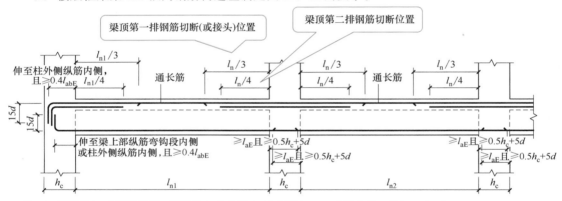

注：1. 跨度值 l_{ni} 为净跨长度，跨度值 l_n 为左跨 l_{ni} 和右跨 $l_{n(i+1)}$ 之较大值，其中 $i=1，2，3\cdots$。
2. 图中 h_c 为柱截面沿框架方向的高度。

图 2.3.12 楼层框架梁 KL 纵向钢筋构造

特别提示

对于楼层框架梁端支座纵筋（上部纵筋、下部纵筋和受扭纵筋）应首选直锚（图 2.3.13），只有当支座宽度不能满足直锚长度要求时才选择弯锚锚固（图 2.3.12）。

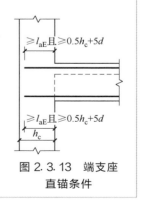

图 2.3.13 端支座
直锚条件

（2）框架梁纵向钢筋连接区域应满足图 2.3.14 所示的构造要求。需要注意的是，同一跨内同一根纵筋设置的连接接头不得多于 1 个。

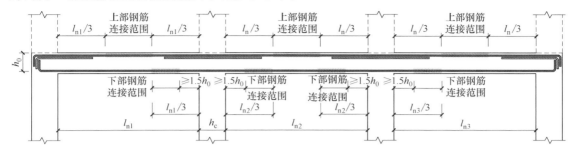

图 2.3.14　框架梁纵向钢筋连接接头允许范围

注：1. 跨度值 l_{ni} 为净跨长度，l_n 为左跨 l_{ni} 和右跨 $l_{n(i+1)}$ 之较大值，其中 $i=1，2，3\cdots$。

2. 框架梁上部通长钢筋与非贯通钢筋直径相同时，纵筋连接位置宜位于跨中 $l_{ni}/3$ 范围内。

3. 框架梁下部钢筋宜贯穿节点或支座，可延伸至相邻跨内箍筋加密区以外搭接连接，连接位置宜位于支座 $l_{ni}/3$ 范围内，且距离支座外边缘不应小于 $1.5h_0$。

4. 框架梁下部纵向钢筋应尽量避免在中柱内锚固，宜本着"能通则通"的原则来保证节点核心区混凝土的浇筑质量。

5. 框架梁纵向受力钢筋连接位置宜避开梁端箍筋加密区。如必须在此连接，应采用机械连接或焊接。

6. 在连接范围内相邻纵筋连接接头应相互错开，且位于同一连接区段内纵向钢筋接头面积百分率不宜大于 50%。

（3）当梁的腹板高度 $h_w\geqslant450mm$ 时，在梁的两个侧面应沿高度配置纵向构造钢筋，且其间距 $a\leqslant200mm$（图 2.3.15）。

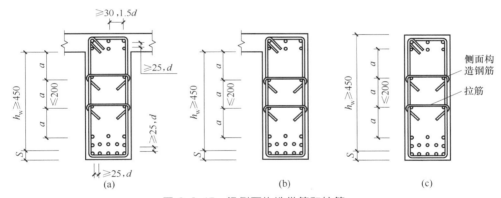

图 2.3.15　梁侧面构造纵筋和拉筋

注：梁侧面抗扭纵筋及拉筋的排布构造与此相同。

当梁宽 $\leqslant350mm$ 时，拉筋直径为 6mm；梁宽 $>350mm$ 时，拉筋直径为 8mm。拉筋间距为非加密区箍筋间距的 2 倍。

梁侧面构造纵筋的搭接与锚固长度可取 $15d$；梁侧面受扭纵筋的搭接长度为 l_{lE} 或 l_l，其锚固长度为 l_{aE} 或 l_a，锚固方式同框架梁下部纵筋。

（4）框架梁的箍筋加密区范围及箍筋、拉筋排布构造，可采用图 2.3.16（a）、（b）中的任一种做法。

（5）框架结构能够抵抗外部作用的前提是框架节点的刚性，所以保证框架节点的施工质量，才能确保"强节点、强锚固"的实现。而实际情况是框架节点处钢筋纵横交叉密布，当梁高相同或梁顶平齐时，交叉梁纵向钢筋会发生碰撞，必须采用合理的排布构造才能保证施工质量。根据本工程的特点，节点钢筋排布选用情况如下：

① 框架中间层梁端节点钢筋排布选用图 2.3.17 所示构造形式（其他未尽节点构造要求，请查阅 18G901-1 图集）。

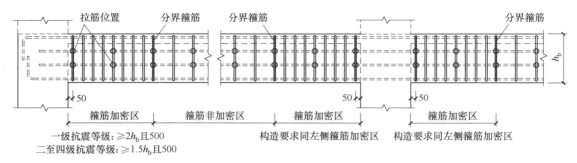

(a) 框架梁(KL、WKL)箍筋、拉筋排布构造详图(一)

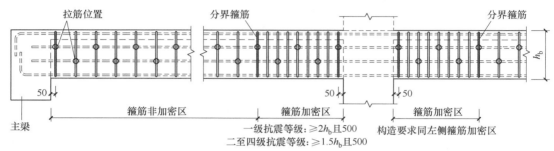

(b) 框架梁(KL、WKL)箍筋、拉筋排布构造详图(二)

图 2.3.16 框架梁的箍筋加密区范围及箍筋、拉筋排布构造

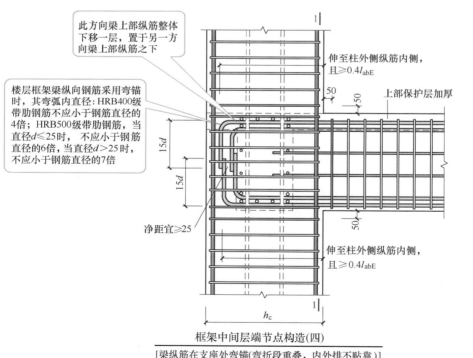

框架中间层端节点构造(四)

[梁纵筋在支座处弯锚(弯折段重叠,内外排不贴靠)]

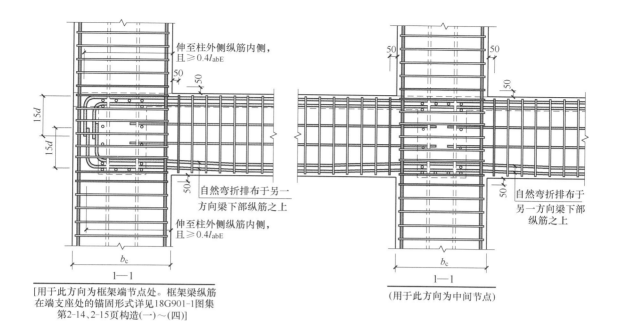

[用于此方向为框架端节点处。框架梁纵筋在端支座处的锚固形式详见18G901-1图集第2-14、2-15页构造(一)～(四)]

(用于此方向为中间节点)

图 2.3.17　框架中间层端节点钢筋排布构造示例

注：当框架梁纵向钢筋采用弯折锚固时，除图中做法外，也可伸至紧靠柱箍筋内侧位置；梁纵向钢筋在节点处排布避让时，对于同一根梁，其上部纵筋向下躲让与下部纵筋向上避让不应同时进行。

② 框架梁标高不同时，梁顶、梁底钢筋构造选用图 2.3.18 所示构造形式。

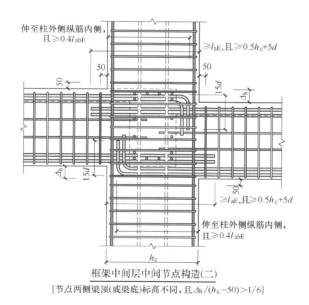

框架中间层中间节点构造(二)
[节点两侧梁顶(或梁底)标高不同，且$\Delta_h/(h_c-50)>1/6$]

图 2.3.18　框架梁标高不同时梁顶、梁底钢筋构造

（6）框架梁、柱侧面平齐时钢筋的排布构造如图 2.3.19 所示。

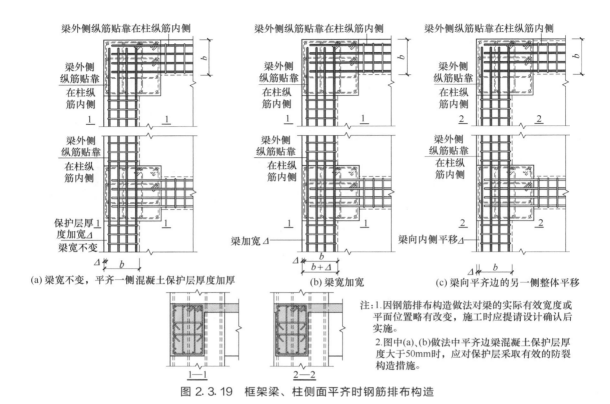

(a) 梁宽不变，平齐一侧混凝土保护层厚度加厚　(b) 梁宽加宽　(c) 梁向平齐边的另一侧整体平移

注：1. 因钢筋排布构造做法对梁的实际有效宽度或平面位置略有改变，施工时应提请设计确认后实施。
　　2. 图中(a)、(b)做法中平齐边梁混凝土保护层厚度大于50mm时，应对保护层采取有效的防裂构造措施。

图 2.3.19　框架梁、柱侧面平齐时钢筋排布构造

⚙ **特别提示**

　　1. 关于框架梁、柱侧面平齐时钢筋排布构造，13G101-11 中提出了图 2.3.20 所示的工程做法，工程中比较常采用。目前，13G101-11 图集已被 17G101-11 图集替代，并取消了这种做法。所以，建议施工方积极与设计方沟通，尽可能选用图 2.3.19 所示的排布构造做法。

　　2. 钢筋排布避让时，梁上部纵筋向下（或梁下部纵筋向上）竖向位移距离为需避让的纵筋直径。

　　3. 梁纵向钢筋在节点处排布避让时，对于同一根梁，其上部纵筋向下避让与下部纵筋向上避让不应同时进行，当无法避免时，应由设计单位对该梁按实际截面有效高度进行复核计算。

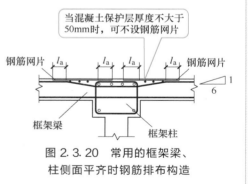

图 2.3.20　常用的框架梁、柱侧面平齐时钢筋排布构造

　　（7）主次梁交接处，次梁端对主梁产生较大的集中力，需要附加箍筋或吊筋来增强。附加箍筋与吊筋构造应符合图 2.3.21 的要求。

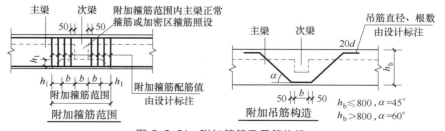

图 2.3.21　附加箍筋及吊筋构造

三、决策、计划与实施

列举"××××电缆生产基地办公综合楼"工程中标高-0.100结构层框架梁涉及的相关施工构造。

首先自主学习22G101-1图集中相关楼层框架梁KL纵筋构造、中间支座纵筋构造、侧面纵筋构造、箍筋构造，并与18G901-1图集中框架部分的框架梁纵向钢筋连接构造、框架梁KL箍筋、拉筋排布构造详图、框架中间层端节点、中间节点钢筋排布构造详图相对照，然后与本工程梁平法施工图相结合，列出本工程楼层框架梁的施工构造做法清单并提交。

四、检查与评估

分组讨论各自提交的楼层框架梁施工构造做法清单，统一认识，形成小组楼层框架梁施工构造清单报告。最终，教师对小组提交的楼层框架梁施工构造清单报告进行点评。通过任务训练，培养严谨治学、精益求精的工匠精神和依法依规的科学态度。

任务3 标高-0.100结构层梁 BIM 建模

一、任务要求

（1）将梁平法施工图中关于楼层框架梁的施工信息与标准构造详图相结合，利用BIM建模软件，完成结施6/13"××××电缆生产基地办公综合楼"标高-0.100结构层框架梁的BIM建模任务；

（2）多维度动态观察所建楼层框架梁的BIM模型，深入理解梁平法施工图中表达的施工信息并掌握楼层框架梁的施工构造；

（3）培养严谨治学、精益求精的工匠精神、团队协作的精神和依法依规的科学态度。

二、资讯

以KL6为例。KL6建模信息汇总如下：（未注明的尺寸单位为mm）

（一）KL6 图纸信息

-0.100m结构层框架梁KL6位于①轴上，梁顶标高为-0.100m（无升降）。

集中标注信息：KL6有两跨，其中⑧轴至⑩轴跨的梁截面尺寸为250×600，箍筋为φ8@100/200，双肢箍，上部贯通纵筋（角部）为2Φ20，下部纵筋为3Φ18，侧面构造纵筋为4Φ12；原位标注信息表明，KL6⑩轴至⑤轴跨的梁截面尺寸为250×500，箍筋为φ8@100，双肢箍，侧面抗扭纵筋为4Φ12。按照集中标注，KL6⑩轴至⑤轴跨的梁上部贯通纵筋（角部）为2Φ20，下部纵筋为3Φ18。

原位标注信息：①轴与⑧轴及⑤轴交点处端支座上部纵筋为4Φ20（一排布置），包括集中标注中注明的2根角部贯通纵筋和2根附加的非贯通纵筋。①轴与⑩轴交点处中间支座上部纵筋为5Φ20（包括集中标注中注明的2根角部贯通纵筋和3根附加的非贯通纵筋），分两排布置，上排3Φ20（2根角部贯通纵筋和1根非贯通纵筋），第2排为2Φ20（均为非贯通纵筋）。

查阅标高-0.100结构层梁平法施工图（结施6/13）中梁说明可知，KL6支承L1、L2处，于L1、L2两侧在KL6上各附加3道箍筋，箍筋直径、肢数同主梁箍筋。

KL6的混凝土强度等级为C30。

（二）KL6 施工构造做法

1. 梁纵筋构造

（1）整体排布。

① 立面：考虑主、次梁上部纵筋排布，KL6上纵筋整体下移一层（18mm），下部纵

筋位置不变。其他梁上部纵筋位置不变，其中 KL4、KL5 下部纵筋在柱内向上自然弯曲置于 KL6 下部纵筋之上。

② 平面：框架梁、柱节点外侧平齐处，梁纵筋自然弯曲排布于柱外侧纵筋内侧。

（2）锚固构造　对于上部和下部纵筋，端支座直锚长度＝37d＞柱宽 500，故采用弯锚。梁上部（或下部）纵筋伸至柱纵筋内侧向下（或向上）弯折 15d＝300（弯弧内直径 80）。

①轴与Ⓑ轴交点处端支座上部非贯通纵筋切断位置（自柱内边起）为 ［（5700＋2100）－（400＋100）］/3 ≈2435；①轴与Ⓓ轴交点处中间支座上部第 1 排非贯通纵筋切断位置（自柱内边起）为 ［（5700＋2100）－（400＋100）］/3 ≈2435；第 2 排非贯通纵筋切断位置（自柱内边起）为 ［（5700＋2100）－（400＋100）］/4 ＝1825；①轴与Ⓔ轴交点处端支座上部非贯通纵筋切断位置（自柱内边起）为 ［（3200＋2500）－（400＋400）］/3≈1635。

侧面构造纵筋在柱内直锚 15d＝180；侧面抗扭纵筋在支座内直锚 $l_{aE}＝37d≈445$。

（3）接头设置　纵筋连接接头位置，可以根据工程实际情况留置在梁跨中 1/3 范围内，接头面积百分率应满足要求。

2．箍筋构造

（1）梁端箍筋加密区范围　①轴与Ⓓ轴梁跨为 900，宜取 950；Ⓓ轴与Ⓔ轴梁跨为 750。

（2）排布构造　梁、柱节点区梁箍筋不再布置，梁跨第一道箍筋距柱近边 50，相邻箍筋接口沿梁上部角交错设置。拉筋自梁跨第一道箍筋开始设置，相邻拉筋沿梁纵向上、下交错布置，间距 200。

箍筋端部弯折长度为 10d＝80（本工程抗震等级为三级），弯曲角度 135°，弯弧内半径为 2d＝16。

混凝土保护层厚度 25mm。

三、决策、计划与实施

参照 KL6 施工构造示例及附录 BIM 建模指导，对本工程标高－0.100 结构层框架梁进行 BIM 建模。

示例： KL6 施工构造（标高－0.100 结构层框架梁）

标高－0.100 框架梁编号及柱 BIM 模型见图 2.3.22。

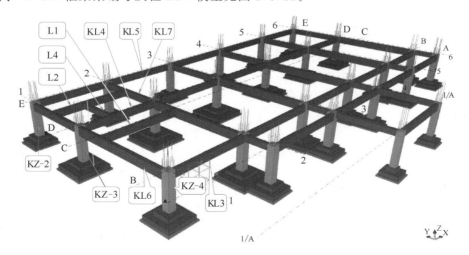

图 2.3.22　标高－0.100 梁及柱 BIM 模型

KL6、KL3 与 KZ-4 节点配筋构造见图 2.3.23、图 2.3.24。

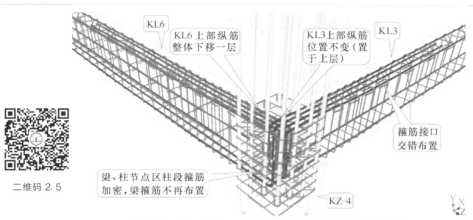

二维码 2.5

图 2.3.23　KL6、KL3 与 KZ-4 节点配筋 3D 视图

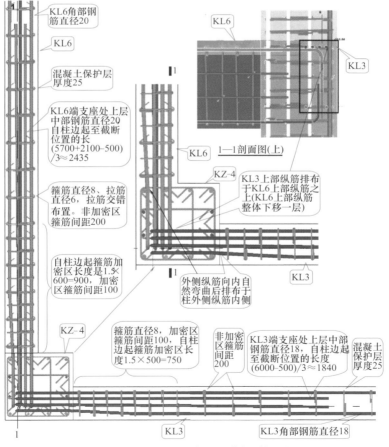

(a) KL6、KL3与KZ-4节点配筋平面图

图 2.3.24

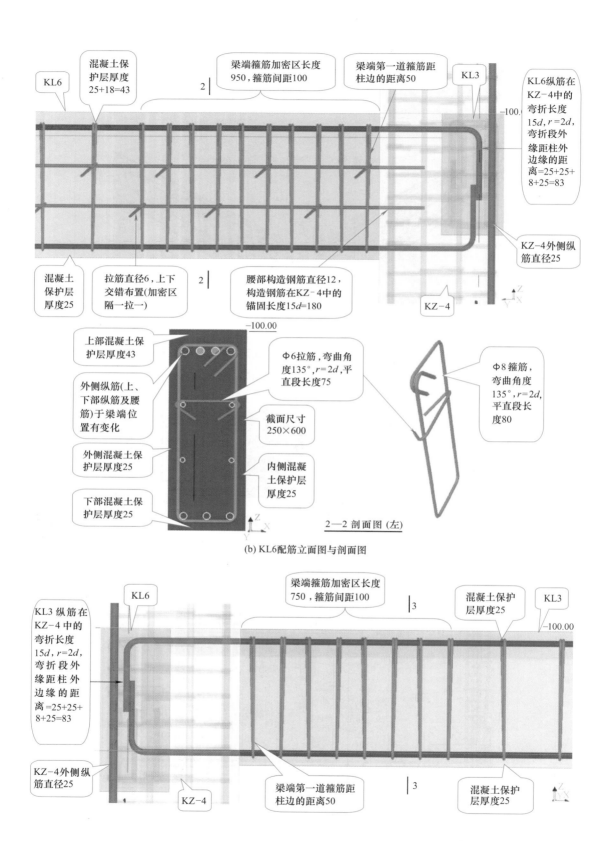

KL6

混凝土保护层厚度 25+18=43

梁端箍筋加密区长度 950，箍筋间距100

梁端第一道箍筋距柱边的距离50

KL3

−100.0

KL6纵筋在KZ−4中的弯折长度15d，r=2d，弯折段外缘距柱外边缘的距离=25+25+8+25=83

混凝土保护层厚度25

拉筋直径6，上下交错布置(加密区隔一拉一)

腰部构造钢筋直径12，构造钢筋在KZ−4中的锚固长度15d=180

KZ−4外侧纵筋直径25

KZ−4

−100.00

上部混凝土保护层厚度43

Φ6拉筋，弯曲角度135°，r=2d，平直段长度75

Φ8箍筋，弯曲角度135°，r=2d，平直段长度80

外侧纵筋(上、下部纵筋及腰筋)于梁端位置有变化

截面尺寸250×600

外侧混凝土保护层厚度25

内侧混凝土保护层厚度25

下部混凝土保护层厚度25

2—2 剖面图 (左)

(b) KL6配筋立面图与剖面图

KL3 纵筋在KZ−4中的弯折长度15d，r=2d，弯折段外缘距柱外边缘的距离=25+25+8+25=83

KL6

梁端箍筋加密区长度750，箍筋间距100

混凝土保护层厚度25

KL3

−100.00

KZ−4外侧纵筋直径25

KZ−4

梁端第一道箍筋距柱边的距离50

混凝土保护层厚度25

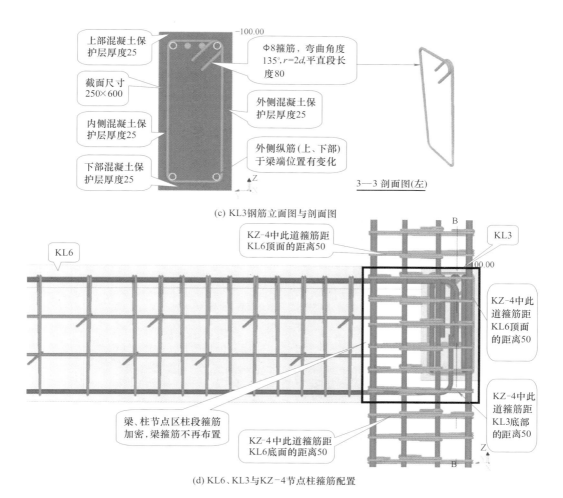

(c) KL3钢筋立面图与剖面图

KL6

KZ-4中此道箍筋距KL6顶面的距离50

B

KL3

100.00

KZ-4中此道箍筋距KL6顶面的距离50

KZ-4中此道箍筋距KL3底部的距离50

梁、柱节点区柱段箍筋加密，梁箍筋不再布置

KZ-4中此道箍筋距KL6底面的距离50

B

(d) KL6、KL3与KZ-4节点柱箍筋配置

图 2.3.24　KL6、 KL3 与 KZ-4 节点配筋构造

KL6、KL5 与 KZ-2 节点配筋施工构造见图 2.3.25。

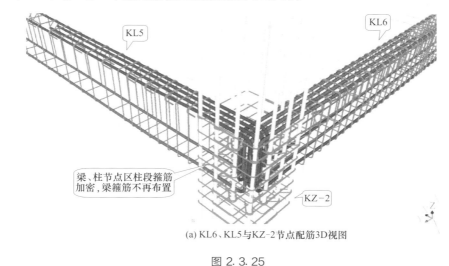

KL5

KL6

梁、柱节点区柱段箍筋加密，梁箍筋不再布置

KZ-2

(a) KL6、KL5与KZ-2节点配筋3D视图

图 2.3.25

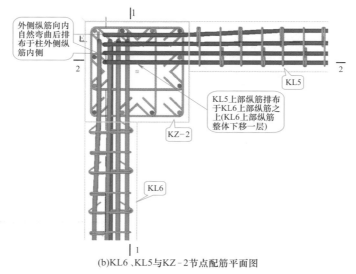

(b)KL6、KL5与KZ-2节点配筋平面图

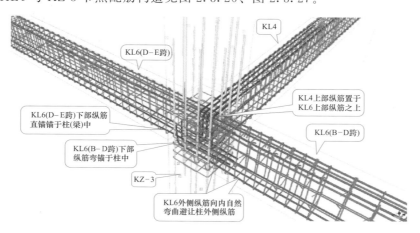

(c) 1—1剖面　　　　　　　　(d) 2—2剖面

图 2.3.25　KL6、 KL5与KZ-2节点配筋构造

KL6、KL4 与 KZ-3 节点配筋构造见图 2.3.26、图 2.3.27。

图 2.3.26　KL6、 KL4 与 KZ-3 节点配筋 3D 视图

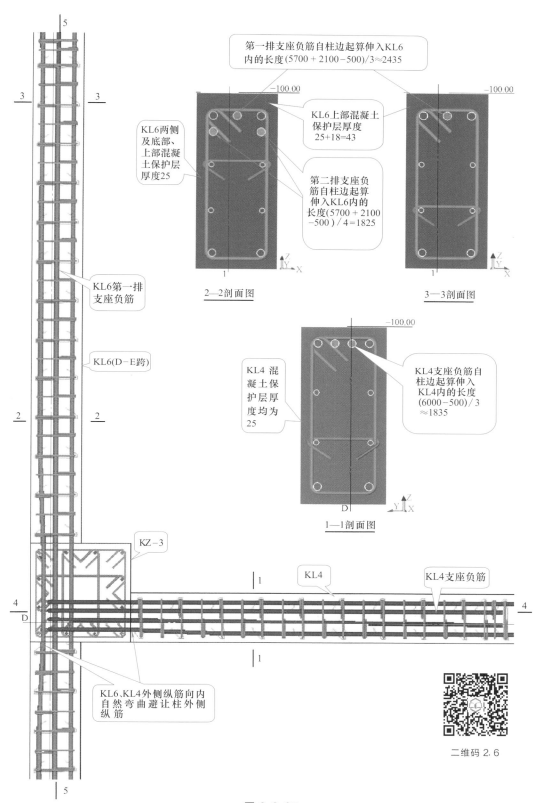

第一排支座负筋自柱边起算伸入KL6内的长度(5700 + 2100−500)/3≈2435

−100.00

KL6上部混凝土保护层厚度25+18=43

KL6两侧及底部、上部混凝土保护层厚度25

第二排支座负筋自柱边起算伸入KL6内的长度(5700 + 2100−500)/4=1825

−100.00

KL6第一排支座负筋

2—2剖面图

3—3剖面图

−100.00

KL4混凝土保护层厚度均为25

KL4支座负筋自柱边起算伸入KL4内的长度(6000−500)/3≈1835

1—1剖面图

KL6(D−E跨)

KZ−3

KL4

KL4支座负筋

KL6、KL4外侧纵筋向内自然弯曲避让柱外侧纵筋

二维码 2.6

图 2.3.27

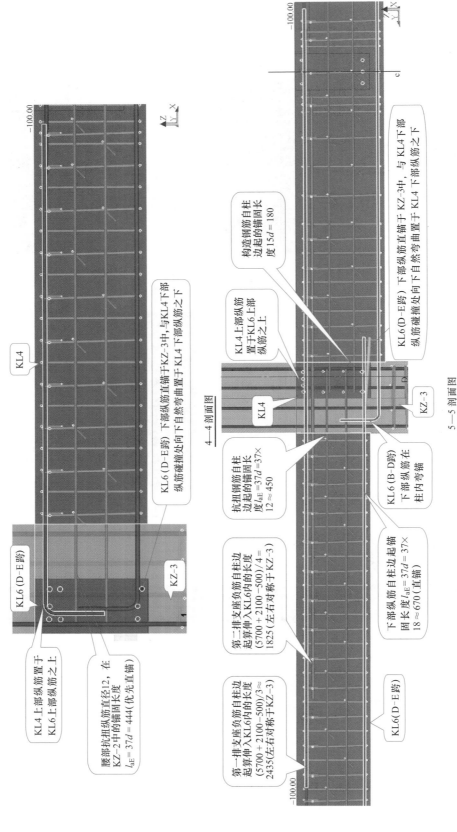

图 2.3.27 KL6 (D-E 跨)、KL4 与 KZ-3 节点配筋平面图与剖面图

四、检查与评估

首先小组成员之间交互检查各自所建框架梁 BIM 模型，查阅构件中钢筋与混凝土属性，量取相关构造尺寸，并与图纸信息和标准构造详图进行比对，检查对图纸信息和标准构造详图的掌握程度。然后小组提交成员中最为满意的框架梁 BIM 模型，教师进行检查与点评，通过查漏补缺，不断提高平法识图能力和对标准构造的灵活应用能力。

通过任务训练，培养严谨治学、精益求精的工匠精神、团队协作的精神和依法依规的科学态度。

子项目 3.2

标高 4.150 结构层梁施工图、施工构造与 BIM 建模

任务 1 阅读标高 4.150 结构层梁平法施工图

一、任务要求

（1）进一步学习 22G101-1 图集中关于梁平法施工图制图规则部分的内容，能够读懂梁平法施工图；

（2）请认真阅读"××××电缆生产基地办公综合楼"标高 4.150 结构层梁平法施工图（结施 7/13），获取楼层梁图纸信息并回答如下问题。

① 标高 4.200 结构层梁混凝土强度等级为_____，保护层厚度为_____ mm。

② KL1 于⑤～⑥间梁段梁顶面结构标高为_____ m；L7、L9 梁顶面结构标高为_____ m。除此之外，本层梁顶面结构标高均为_____ m。

③ L4 与 KL____、KL____、KL____ 交接处应在 KL 上梁、次梁两侧各附加_____箍筋，同时应附加_____吊筋。

④ KL10 的集中标注中 3A 表达的信息是_____；集中标注中 2Φ22 排布于 KL10 的_____（上部或下部，下同）；集中标注中 G4Φ12 排布于 KL10 的_____；KL10 的原位标注中 5Φ22 3/2 排布于 KL10 的_____，排布要求是_____；KL10 的原位标注中 6Φ22 2/4 排布于 KL10 的_____，排布要求是_____；KL10 的原位标注中 6Φ22 4/2 排布于 KL10 的_____，排布要求是_____。

⑤ L7 的集中标注中 2Φ18；4Φ25，其中 2Φ18 排布于 L7 的_____，4Φ25 排布于 L7 的_____；L7 的集中标注中（-0.050）的表达的信息是_____。

⑥ L4 的原位标注中 2Φ18+2Φ20 表达的信息是_____，排布要求是_____。

二、资讯

参见"子项目 3.1 标高-0.100 结构层梁施工图、施工构造与 BIM 建模"之"任务 1 阅读标高-0.100 结构层梁平法施工图"。

三、决策、计划与实施

阅读"××××电缆生产基地办公综合楼"标高 4.150 结构层梁平法施工图（结施 7/13）。

首先进一步学习 22G101-1 图集中关于梁平法施工图制图规则部分的内容，然后阅读

"××××电缆生产基地办公综合楼"标高4.150结构层梁平法施工图（结施7/13），形成梁平法施工图自审笔记并提交。

四、检查与评估

分组讨论各自的梁平法施工图自审笔记，统一认识，形成小组梁平法施工图自审报告。最终，教师对小组提交的梁平法施工图自审报告进行点评。通过任务训练，培养追求知识、严谨治学、依法依规的科学态度。

任务2　识读标高4.150结构层梁施工构造

一、任务要求

（1）学习22G101-1图集中相关非框架梁L及L_g配筋构造、悬挑梁悬挑端配筋构造，并与18G901-1图集中非框架梁（L、L_g）纵向钢筋连接构造、悬挑梁钢筋排布构造详图相对照，具备依据标准构造详图对非框架梁及悬挑梁进行施工的能力；

（2）列举"××××电缆生产基地办公综合楼"标高4.150结构层梁中涉及的相关非框架梁及悬挑梁施工构造；

（3）培养严谨治学、精益求精的工匠精神依法依规的科学态度。

二、资讯

特别提示

本任务主要针对非框架梁L及L_g配筋构造、悬挑梁悬挑端施工构造。关于本层框架梁的相关施工构造，请参阅"子项目3.1　标高−0.100结构层梁施工图、施工构造与BIM建模"之"任务2　识读标高−0.100结构层梁施工构造"。

1. 非框架梁L、L_g施工构造

22G101-1、18G901-1图集中相关非框架梁L、L_g的施工构造主要有：

（1）纵筋构造及箍筋排布　非框架梁L、L_g纵筋构造应满足图2.3.28的要求。

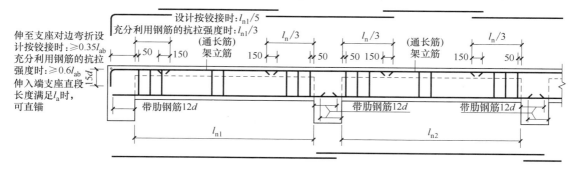

图2.3.28　非框架梁配筋构造

注：1. 跨度值l_n为左跨l_{ni}和右跨$l_{n(i+1)}$之较大值，其中$i=1，2，3\cdots$。

2. 图中"设计按铰接时"用于代号为L的非框架梁，"充分利用钢筋的抗拉强度时"用于代号为L_g的非框架梁。

当非框架梁端支座下部纵筋伸入端支座的长度满足直锚条件时可直锚，当支座宽度不满足直锚要求时，钢筋端部应弯锚，并满足图2.3.29（a）所示的构造要求。受扭非框架梁纵

筋应满足图 2.3.29（b）所示的构造要求。

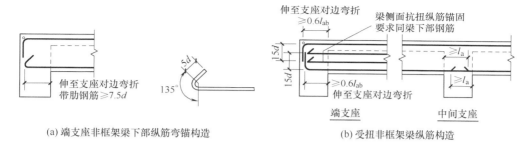

(a) 端支座非框架梁下纵筋弯锚构造　　(b) 受扭非框架梁纵筋构造

图 2.3.29　非框架梁纵筋构造

非框架梁 L、L_g 纵筋连接构造应满足图 2.3.30 的要求。

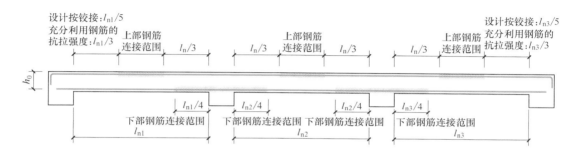

图 2.3.30　非框架梁（L、L_g）纵向钢筋连接示意图

注：梁同一根纵筋在同一跨内设置连接接头不得多于 1 个。

（2）主、次梁节点钢筋排布构造　本工程主、次梁节点钢筋排布构造选用图 2.3.31 所示构造形式。

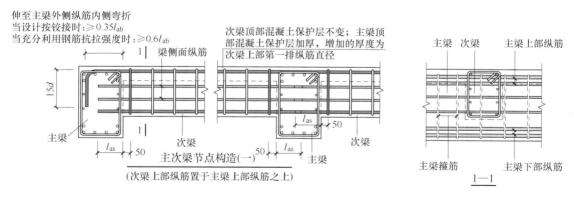

图 2.3.31　主、次梁节点钢筋排布构造

注：1. 次梁下部纵筋伸入支座直锚长度 l_{as} 按设计指定。如设计无特殊说明，带肋钢筋为 $12d$，光圆钢筋为 $15d$（末端做 $180°$ 弯钩）。

2. 当主、次梁顶部标高相同时，若采用次梁上部纵筋置于主梁上部纵筋之下时，应经设计确认。当主、次梁底部标高相同时，次梁下部纵筋置于主梁下部纵筋之上。

当主、次梁截面高度相同时，次梁上部纵筋应置于主梁纵筋之上（图 2.3.31），但当按照钢筋整体排布某主梁上部纵筋已经排布于上层时，则该主梁上部纵筋宜在与次梁交接处自然弯沉避让次梁上部纵筋，使次梁上部纵筋置于主梁纵筋之上，避免次梁上部混凝土保护层厚度不足（图 2.3.32）。18G901-1 图集也给出了次梁上部纵筋置于主梁上部纵筋之下的构造做法，但应经设计确认后采用。

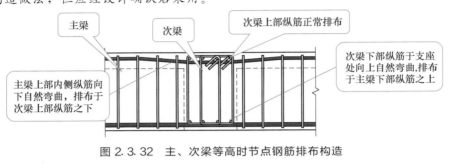

图 2.3.32　主、次梁等高时节点钢筋排布构造

2. 悬挑梁施工构造

本工程悬挑梁梁顶顶标高与 KL 顶标高相同，悬挑梁钢筋施工构造选用图 2.3.33 的形式。其他情况下悬挑梁的配筋构造请查阅 22G101-1 或 18G9011 图集。

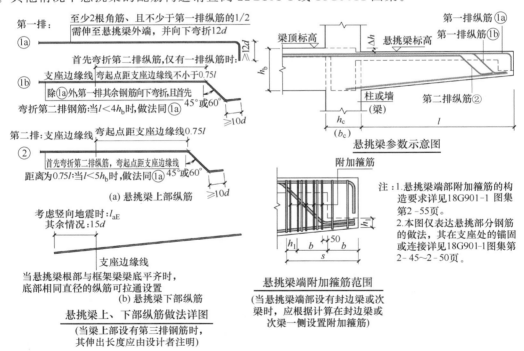

图 2.3.33　悬挑梁钢筋排布构造详图

非框架梁及不考虑地震作用的悬挑梁，箍筋及拉筋弯钩的弯折角度不应小于 90°，弯折后平直段长度不应小于箍筋直径的 5 倍（当其受扭时，应为 10d）。

三、决策、计划与实施

列举"××××电缆生产基地办公综合楼"工程中标高 4.150 结构层非框架梁及悬挑梁涉及的相关施工构造。

首先自主学习 22G101-1 图集中相关非框架梁 L 及 L_g 配筋构造、悬挑梁悬挑端配筋构造，并与 18G901-1 图集中非框架梁 L 及 L_g 纵向钢筋连接构造、悬挑梁钢筋排布构造详图相对照，然后与本工程梁平法施工图相结合，列出本工程非框架梁及悬挑梁的施工构造做法清单并提交。

四、检查与评估

分组讨论各自提交的非框架梁及悬挑梁施工构造做法清单，统一认识，形成小组非框架梁及悬挑梁施工构造清单报告。最终，教师对小组提交的非框架梁及悬挑梁施工构造清单报告进行点评。通过任务训练，培养严谨治学、精益求精的工匠精神和依法依规的科学态度。

任务 3　标高 4.150 结构层梁 BIM 建模

一、任务要求

（1）将梁平法施工图中关于楼层框架梁、非框架梁、悬挑梁的施工信息与标准施工构造相结合，利用 BIM 建模软件，完成结施 7/13 "××××电缆生产基地办公综合楼"标高 4.150 结构层框架梁的 BIM 建模任务；

（2）多维度动态观察所建楼层框架梁、非框架梁、悬挑梁的 BIM 模型，深入理解梁平法施工图中表达的施工信息并掌握楼层框架梁、非框架梁、悬挑梁的施工构造；

（3）培养严谨治学、精益求精的工匠精神、团队协作的精神和依法依规的科学态度。

二、资讯

以 L10 为例。L10 建模信息汇总如下：（未注明的尺寸单位为 mm）

1. L10 图纸信息

L10 位于④轴与⑤轴之间，梁顶标高为 4.150m（无升降）。

集中标注信息：L10 有两跨，一端有悬挑，梁截面尺寸为 250×500，箍筋为 $\phi8@200$，双肢箍，上部贯通纵筋（角部）为 2Φ18。

原位标注信息：Ⓑ轴至Ⓒ轴跨下部纵筋为 4Φ18，Ⓐ轴至Ⓑ轴跨及悬挑端下部纵筋为 2Φ18；Ⓐ轴及Ⓑ轴交点处 L10 支座上部纵筋为 3Φ18（含集中标注中的角部纵筋 2Φ18，一排布置），Ⓒ轴交点处 L10 支座上部纵筋为 2Φ18（即为集中标注中的角部纵筋 2Φ18）。悬挑梁上部纵筋为 3Φ18。

L10 的混凝土强度等级为 C30。

2. L10 施工构造做法

（1）梁纵筋构造

① 整体排布：L4、KL3 作为 L10 的支座，节点处应将 L10 的纵筋置于 L4、KL3 的纵筋之上，但由于梁高相同，施工时应做局部特别调整。总体调整方法是：L4、KL3 与 L10 上、下部纵筋位置不变，上部纵筋碰撞处，L4、KL3 上部纵筋自然弯曲后置于 L10 上部纵筋之下（参见图 2.3.35）；L10 下部纵筋于 L4、KL3 处向上自然弯曲后置于 L4、KL3 下部纵筋之上。L10 与 KL1 节点处，KL1 上部纵筋自然弯曲后置于 L10 上部纵筋之下；L10 悬挑端上部纵筋于端部自然弯曲置于 L1a 上部纵筋之下，下部纵筋正常布置。

② 锚固构造：

上部纵筋：L10 上部纵筋伸至框架梁上部纵筋内侧，向下弯折 $15d=270$（弯弧内半径

为 $2d=36$）。

下部纵筋：直锚于框架梁中 $12d \approx 220$。

（2）箍筋构造

排布构造：箍筋无加密区，梁跨第一道箍筋距框架梁近边 50，相邻箍筋接口沿梁上部的角部纵筋交错设置。

箍筋端部弯折长度为 $5d=40$，弯曲角度 135°（可取 90°），弯弧内半径为 $2d=16$。

混凝土保护层厚度 20mm。

三、决策、计划与实施

参照非框架梁 L10 施工构造示例、标高 −0.100 结构层框架梁施工构造示例（见模块二项目 3 的子项目 3.1）及附录 BIM 建模指导，对标高 4.150 结构层梁进行 BIM 建模。

示例： L10 施工构造（标高 4.150 结构层非框架梁及悬挑梁）

标高 4.150m 结构层梁 BIM 模型见图 2.3.34。L10 施工构造见图 2.3.35。

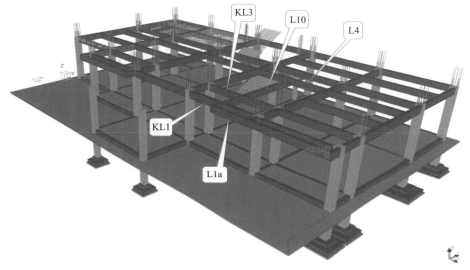

图 2.3.34　标高 4.150m 结构层梁 BIM 模型

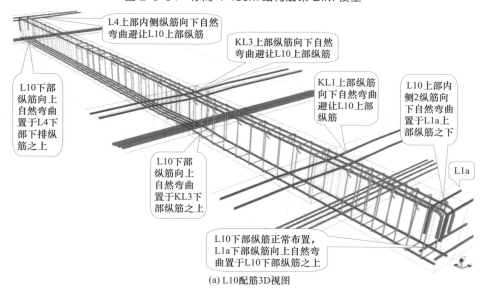

(a) L10 配筋 3D 视图

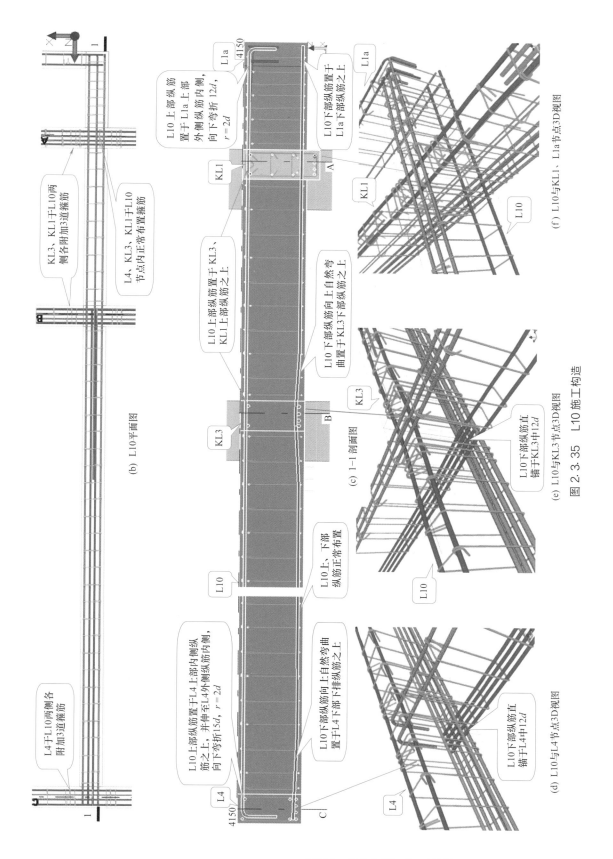

（b）L10平面图

L4于L10两侧各附加3道箍筋

KL3、KL1于L10两侧各附加3道箍筋

L4、KL3、KL1于L10节点内正常布置箍筋

L10上部纵筋置于上部外侧纵筋内侧，向下弯折12d，r=2d

L10下部纵筋置于L1a下部纵筋之上

L10上部纵筋置于KL3、KL1上部纵筋之上

L10下部纵筋向上自然弯曲置于KL3下部纵筋之上

（c）1—1剖面图

L10上、下部纵筋正常布置

L10上部纵筋置于L4上部内侧纵筋之上，并伸至L4外侧纵筋内侧，向下弯折15d，r=2d

L10下部纵筋向上自然弯曲置于L4下部下排纵筋之上

（f）L10与KL1、L1a节点3D视图

（e）L10与KL3节点3D视图

L10下部纵筋直锚于KL3中12d

（d）L10与L4节点3D视图

L10下部纵筋直锚于L4中12d

图2.3.35 L10施工构造

四、检查与评估

首先小组成员之间交互检查各自所建非框架梁及悬挑梁 BIM 模型，查阅构件中钢筋与混凝土属性，量取相关构造尺寸，并与图纸信息和标准构造详图要求进行比对，检查对图纸信息和标准构造详图的掌握程度。然后小组提交成员中最为满意的非框架梁及悬挑梁 BIM 模型，教师进行检查与点评，通过查漏补缺，不断提高平法识图能力和对标准构造的灵活应用能力。

通过任务训练，培养严谨治学、精益求精的工匠精神、团队协作的精神和依法依规的科学态度。

子项目 3.3
标高 12.000 结构层梁施工图、施工构造与 BIM 建模

任务 1　阅读标高 12.000 结构层梁平法施工图

一、任务要求

（1）深入学习 22G101-1 图集中关于梁平法施工图制图规则部分的内容，能够熟练阅读梁平法施工图；

（2）请认真阅读"××××电缆生产基地办公综合楼"标高 12.000 结构层梁平法施工图（结施 9/13），获取屋面梁图纸信息并回答如下问题。

① 标高 12.000 结构层梁顶结构标高均为_____，混凝土强度等级为_____，保护层厚度为_____mm。

② WKL1、WKL4 截面尺寸为_____mm，WKL2 截面尺寸为_____mm；L1、L2、L3 截面尺寸为_____mm，L4 截面尺寸为_____mm。

③ WKL3 于____轴～____轴及____轴～____轴之间的梁截面尺寸为 250×600，配置的侧面构造纵筋为_____，排布要求是_____，WKL3 其他轴段的梁截面尺寸为_____。

④ WKL5 截面尺寸为_____mm，Ⓑ～Ⓓ跨跨中梁上部纵筋为_____，排布在梁的_____，梁下部纵筋为_____，排布要求是_____；靠近Ⓑ轴的梁端上部纵筋为_____，排布要求是_____，靠近Ⓓ轴的梁上部纵筋为_____，排布要求是_____；箍筋配置为_____，侧面构造纵筋为_____。

⑤ WKL6、WKL7 于Ⓑ～Ⓓ轴段的梁截面尺寸为_____，于Ⓓ～Ⓔ轴段的梁截面尺寸为_____。③轴上 WKL6 与 L3 的节点处，于_____上需要同时配置附加箍筋和附加吊筋。

二、资讯

参见"子项目 3.1 标高－0.100 结构层梁施工图、施工构造与 BIM 建模"之"任务 1

阅读标高-0.100结构层梁平法施工图"。

三、决策、计划与实施

阅读"××××电缆生产基地办公综合楼"标高12.000结构层梁平法施工图（结施9/13）。

首先进一步学习22G101-1图集中关于屋面框架梁、非框架梁等各种类型梁的平法施工图制图规则部分的内容，然后阅读"××××电缆生产基地办公综合楼"标高12.000结构层梁平法施工图（结施9/13），形成屋面梁平法施工图自审笔记并提交。

四、检查与评估

分组讨论各自的屋面梁平法施工图自审笔记，统一认识，形成小组梁平法施工图自审报告。最终，教师对小组提交的梁平法施工图自审报告进行点评。通过任务训练，培养追求知识、严谨治学、依法依规的科学态度。

任务2 识读标高12.000结构层梁施工构造

一、任务要求

（1）学习22G101-1图集中相关屋面框架梁纵筋、箍筋及拉筋的构造，并与18G901-1图集中屋面框架梁（WKL）箍筋、拉筋排布构造详图、框架顶层端节点、中间节点钢筋排布构造详图相对照，具备依据标准构造详图对屋面框架梁进行施工的能力；

（2）列举"××××电缆生产基地办公综合楼"标高12.000结构层梁中涉及的相关屋面框架梁施工构造；

（3）培养严谨治学、精益求精的工匠精神和依法依规的科学态度。

二、资讯

本任务主要针对屋面框架梁施工构造，关于本层非框架梁L、L_g施工构造，请参阅本书模块二项目3的子项目3.2之任务2、任务3。

屋面框架梁配筋构造、梁跨及中间支座的施工构造与楼层框架梁相同，请参照楼层框架梁的施工构造进行学习。屋面框架梁施工构造与楼层框架梁施工构造主要区别是梁端支座的配筋构造。关于屋面框架梁端支座的配筋构造，请参照模块二项目2的子项目2.3之"任务2 识读顶层柱段施工构造"中的相关柱顶纵筋施工构造部分内容进行学习。

三、决策、计划与实施

列举"××××电缆生产基地办公综合楼"标高12.000结构层梁中涉及的相关屋面框架梁施工构造。

首先深入学习22G101-1图集中相关屋面框架梁纵筋、箍筋及拉筋的构造，并与18G901-1图集中屋面框架梁（WKL）箍筋、拉筋排布构造详图、框架顶层端节点、中间节点钢筋排布构造详图相对照，然后与本工程屋面梁平法施工图相结合，列出本工程屋面框架梁的施工构造做法清单并提交。

四、检查与评估

分组讨论各自提交的屋面框架梁施工构造做法清单，统一认识，形成小组屋面框架梁施工构造清单报告。最终，教师对小组提交的屋面框架梁施工构造清单报告进行点评。通过任务训练，培养严谨治学、精益求精的工匠精神和依法依规的科学态度。

任务 3　标高 12.000 结构层梁 BIM 建模

一、任务要求

（1）将梁平法施工图中关于屋面框架梁、非框架梁的施工信息与标准构造详图相结合，利用 BIM 建模软件，完成结施 9/13 "××××电缆生产基地办公综合楼" 标高 12.000 结构层屋面梁的 BIM 建模任务；

（2）多维度动态观察所建屋面框架梁、非框架梁的 BIM 模型，深入理解梁平法施工图中表达的施工信息并掌握屋面框架梁、非框架梁的施工构造；

（3）培养严谨治学、精益求精的工匠精神、团队协作的精神和依法依规的科学态度。

二、资讯

以 WKL1 为例。WKL1 建模信息汇总如下：（未注明的尺寸单位为 mm）

1. WKL1 图纸信息

WKL1 位于Ⓑ轴，梁外侧与轴线距离为 100，梁顶标高为 12.000m（无升降）。

集中标注信息：WKL1 有五跨，梁截面尺寸为 250×600，箍筋为Φ8@100/200，双肢箍；上部贯通纵筋（角部）为 2Φ18，下部纵筋（角部）为 2Φ18；侧面构造纵筋为 4Φ12。

原位标注信息：无。

WKL1 的混凝土强度等级为 C30。

2. WKL1 施工构造做法

（1）梁纵筋构造

① 整体排布。

立面：考虑主、次梁上部纵筋排布，WKL1 上部纵筋位置不变，下部纵筋在柱附近向上自然弯置于 WKL4、WKL5、WKL6、WKL7 下部纵筋之上〔WKL4、WKL5、WKL6、WKL7 上部纵筋整体下移一层（18mm）〕。

平面：框架梁、柱节点外侧平齐处，梁纵筋自然弯曲排布于柱外侧纵筋内侧。

② 锚固构造。

上部纵筋：WKL1 上部纵筋伸至柱外侧纵筋内侧向下弯折 $1.7l_{abE} \approx 1135$，一批切断（弯弧内半径为 $6d = 108$）。

下部纵筋：WKL1 下部纵筋伸至柱屋面梁上部纵筋弯折段内侧向上弯折 $15d = 270$（弯弧内半径为 $2d = 36$）。

侧面构造纵筋在柱内直锚 $15d = 180$。

③ 接头设置：纵筋连接接头位置，可以根据工程实际情况留置在任一梁跨中 1/3 范围内，接头面积百分率应满足要求。

（2）箍筋构造

梁端箍筋加密区范围：自柱内边起 900，宜取 950。

排布构造：梁、柱节点区梁箍筋不再布置，梁跨第一道箍筋距柱近边 50，相邻箍筋接口沿梁上部边角交错设置。拉筋自梁跨第一道箍筋开始设置，相邻拉筋沿梁纵向上、下交错布置，间距 200。

箍筋端部弯折长度为 $10d = 80$（本工程抗震等级为三级），弯曲角度 135°，弯弧内半径为 $2d = 16$。

混凝土保护层厚度 20mm。

三、决策、计划与实施

参照屋面框架梁 WKL 施工构造示例、顶层柱顶节点⑤纵筋配筋构造示例（见模块二项目 2 的子项目 2.3 之任务 2、任务 3）及附录 BIM 建模指导，对屋面梁进行 BIM 建模。

示例：WKL1 施工构造（标高 12.000 结构层屋面框架梁）

WKL1 与 WKL4、KZ-3 节点配筋构造见图 2.3.36；WKL1 与 WKL5、KZ-3 节点配筋构造见图 2.3.37；屋面梁（标高 12.000）BIM 模型见图 2.3.38。

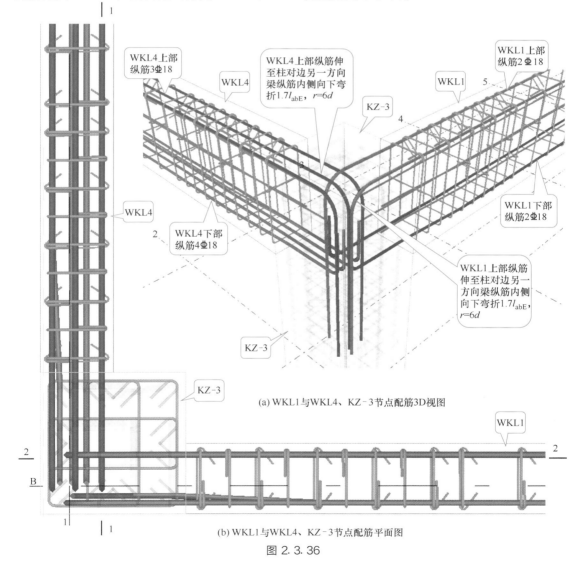

(a) WKL1 与 WKL4、KZ-3 节点配筋 3D 视图

(b) WKL1 与 WKL4、KZ-3 节点配筋平面图

图 2.3.36

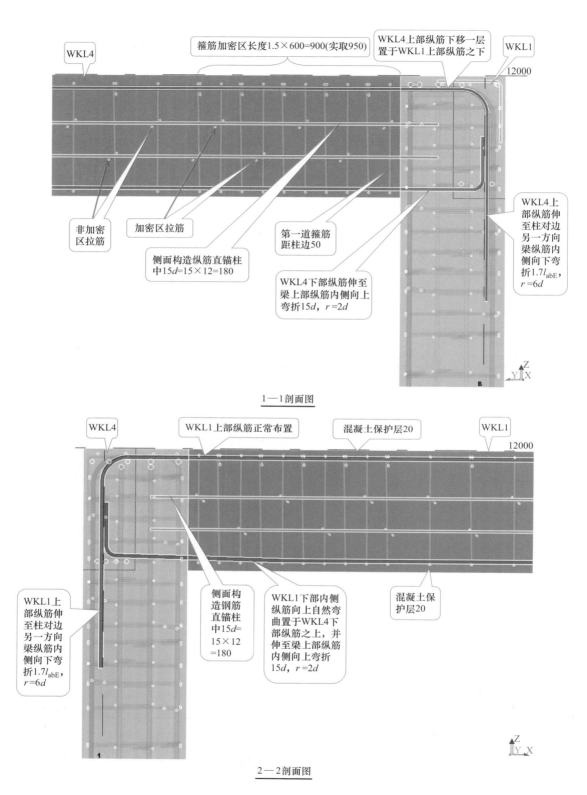

图 2.3.36 ①~⑧轴交点处 WKL1 与 WKL4、KZ-3 节点配筋构造

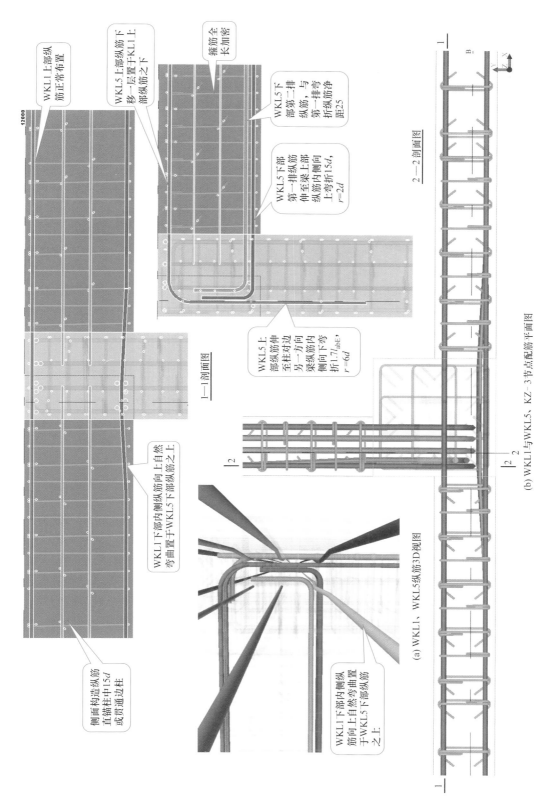

WKL1上部纵筋正常布置

WKL5上部纵筋下移一层置于KL1上部纵筋之下

箍筋全长加密

WKL5下部第二排纵筋,与第一排纵筋净距折25

WKL5下部第一排纵筋伸至梁上部纵筋内侧向上弯折15d,r=2d

WKL5上部纵筋伸至柱对边另一方向梁纵筋内侧向下弯折1.7l_{abE},r=6d

1—1剖面图

WKL1下部内侧纵筋向上自然弯曲置于WKL5下部纵筋之上

2—2剖面图

(b) ②~Ⓑ轴交点处 WKL1与WKL5、KZ-3节点配筋平面图

(a) WKL1、WKL5纵筋3D视图

侧面构造纵筋锚固柱中15d直锚边边柱或贯通边柱

WKL1下部内侧纵筋向上自然弯曲置于WKL5下部纵筋之上

图 2.3.37 ②~Ⓑ轴交点处 WKL1与WKL5、KZ-3 节点配筋构造

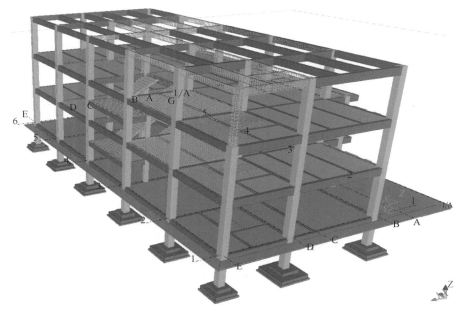

图 2.3.38 屋面梁（标高 12.000） BIM 模型

四、检查与评估

首先小组成员之间交互检查各自所建屋面梁 BIM 模型，查阅构件中钢筋与混凝土属性，量取相关构造尺寸，并与图纸信息和标准构造详图要求进行比对，检查对图纸信息和标准构造详图的掌握程度。然后小组提交最为满意的屋面梁 BIM 模型，教师进行检查与点评，通过查漏补缺，不断提高平法识图能力和对标准构造的灵活应用能力。

通过任务训练，培养严谨治学、精益求精的工匠精神、团队协作的精神和依法依规的科学态度。

📑 小结

钢筋混凝土梁中配置的钢筋种类较多，主要有：

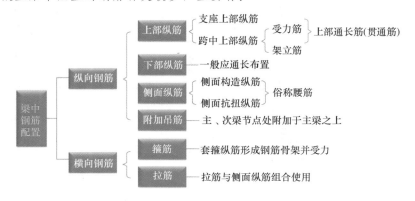

梁平法施工图表达的内容也较多，主要内容有：

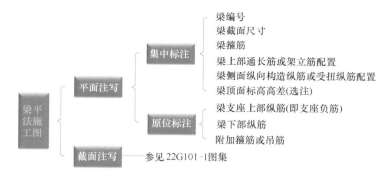

同时，梁的施工构造要点也比较多，特别地，梁钢筋、柱钢筋以及板钢筋往往会发生碰撞，因此必须进行合理排布避让，以确保各构件能够最大程度地发挥各自的受力特性，从而确保钢筋混凝土结构体系的整体受力性能。

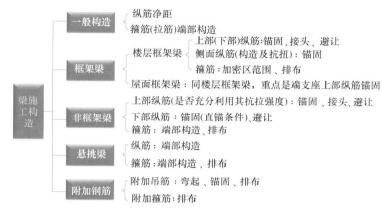

梁 BIM 建模是将梁平法施工图中的施工信息与标准构造详图相结合，依托真实工程，利用 BIM 建模软件模拟梁施工，以达到强化施工图阅读能力、灵活应用标准构造进行施工的学习目的。

自测与训练

请登录"浙江省高等学校在线开放课程共享平台"（网址：www.zjooc.cn），搜索并加入课程学习，在线完成自测与训练任务。

项目 4

板施工图、施工构造与BIM建模

根据现浇板的配筋特点，本学习项目分为两个学习子项目：楼面板（以二层现浇板为例）与屋面板。楼面板学习子项目主要学习一般现浇板的识图、构造与 BIM 建模；屋面板学习子项目主要学习屋面板（一般配有温度分布钢筋）的识图、构造与 BIM 建模。

子项目 4.1

二层板施工图、施工构造与 BIM 建模

任务 1　阅读二层结构平面布置图

一、任务要求

（1）学习 22G101-1 图集中关于有梁楼盖平法施工图制图规则部分的内容，能够初步读懂现浇板施工图；

（2）请认真阅读"××××电缆生产基地办公综合楼"二层结构平面布置图（结施 10/13），获取二层板图纸信息，并回答如下问题：

① 二层板混凝土强度等级为＿＿＿＿＿＿，保护层厚度为＿＿＿＿＿＿＿mm。

② 二层结构标高为＿＿＿＿＿＿＿m；其中①～②轴与①～⑥轴之间上部板块的板顶标高为＿＿＿＿＿m、板厚为＿＿＿＿＿mm，下部左边板块的板顶标高为＿＿＿＿＿m、板厚为＿＿＿＿mm，下部右边板块的板顶标高为＿＿＿＿＿m、板厚为＿＿＿＿＿mm；⑤～⑥轴与Ⓐ～Ⓑ轴之间板块的顶标高为＿＿＿＿＿m、板厚为＿＿＿＿＿mm。

③ 轴线①～②轴与①～⑥轴之间上部板块的支座负筋为＿＿＿＿＿＿＿、自梁内边算起伸入板内的长度为＿＿＿＿＿mm，支座负筋的分布钢筋为＿＿＿＿＿＿，板底 X 向（水平方向，下同）钢筋为＿＿＿＿＿＿、Y 向（垂直方向，下同）钢筋为＿＿＿＿＿＿；①～②轴与①～⑥轴之间下部右边板的板边支座负筋为＿＿＿＿＿、自梁内边算起伸入板内的长度为＿＿＿＿＿mm，Y 向板面钢筋贯通布置，板底 X 向钢筋为＿＿＿＿＿＿、Y 向钢筋为＿＿＿＿＿＿；②～③轴与Ⓐ～Ⓔ轴之间板厚均为＿＿＿＿＿mm，板底、板面两个方向的钢筋均采用贯通配筋的形式，其配筋为＿＿＿＿＿＿。

④ 轴线①～②轴间Ⓑ轴梁段梁上部有悬挑板，其详图索引符号为＿＿＿＿＿＿。该悬挑板板厚为＿＿＿＿＿mm，板宽为＿＿＿＿＿mm，与Ⓑ轴的位置关系为＿＿＿＿＿＿＿＿＿＿＿；配筋情况为：受力钢筋为＿＿＿＿＿＿，分布钢筋为＿＿＿＿＿＿，分布钢筋位于＿＿＿＿＿＿＿＿＿＿＿。

二、资讯

1. 有梁楼盖与无梁楼盖

由主、次梁和板组成的混凝土楼盖称为有梁楼盖［也称肋形楼盖，见图 2.4.1（a）］。由直接支承于柱上的板形成的楼盖（往往在板与柱之间设置柱帽）称为无梁楼盖［图 2.4.1（b）］。目前有梁楼盖比较常见。

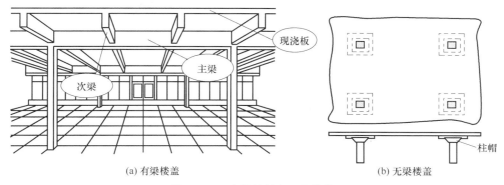

(a) 有梁楼盖　　　　　　　　　　　　　　(b) 无梁楼盖

图 2.4.1　有梁楼盖与无梁楼盖

2. 单向板与双向板

在荷载作用下，只在一个方向弯曲或者主要在一个方向弯曲的板定义为单向板［图 2.4.2（a）］，如板式楼梯的梯段斜板、悬挑板以及四边支承的板且长短边之比不小于 3 的板。

在荷载作用下，在两个方向弯曲，且不能忽略任一方向弯曲的板定义为双向板［图 2.4.2（b）］。一般而言，四边支承且长短边之比不大于 2 的板为双向板。

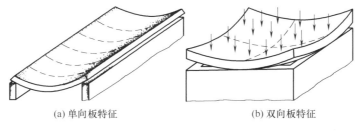

(a) 单向板特征　　　　　　　　　　　　(b) 双向板特征

图 2.4.2　单向板与双向板

1. 现浇板的配筋

现浇板中通常配置板底两个方向的钢筋（即板下部纵筋）及板面两个方向的钢筋（即板上部贯通纵筋），简称板底钢筋与板面钢筋，也称板底（或下部）纵筋与板面（或上部）纵筋，见图 2.4.3。

当板跨较大时，可以将跨中板面受压区的板面贯通钢筋切断，以节省钢筋，此时板边留存的板面钢筋主要承受板边支座处的负弯矩，因此被称为"支座负筋"（即板支座上部非贯通纵筋），固定支座负筋的构造钢筋称为"分布钢筋"（简称分布筋）［图 2.4.4（a）］，这种配筋方式称为"分离式配筋"。当采用分离式配筋时，支座负筋伸入板中的长度应满足图 2.4.4（b）的要求。

分布钢筋的作用：一是固定受力钢筋的位置，形成钢筋网；二是将板上荷载有效地传到受力钢筋；三是防止温度或混凝土收缩等原因沿跨度方向的裂缝。

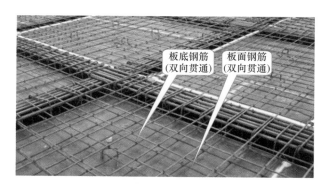

图 2.4.3 板中钢筋配置

(a) 分离式配筋工程照片

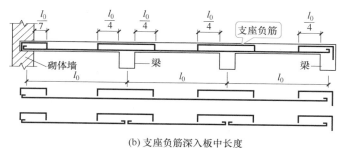

(b) 支座负筋深入板中长度

图 2.4.4 分离式配筋

2. 板结构施工图表达

板结构施工图主要表示板的平面布置、板厚和配筋情况，目前有传统表达方式和平法表达方式两种。

传统表达方式是在各层平面图上画出每一板块的板面钢筋和板底钢筋，并注明钢筋规格、间距和伸出长度。这种方式直观易懂，工程中较常采用，但表示钢筋的线条较多，图面较密。本工程的现浇板结构施工图采用传统表达方式绘制。

平法表达方式是按照 22G101-1 图集中规定的制图规则绘制的板结构施工图，详细的表示方法请参阅 22G101-1 图集，本书不做介绍。

同一板块的结构施工图，无论是采用传统表达方式还是平法表达方式，其表达的施工信息是相同的，只是形式上有所不同。板施工图的传统表达方式和平法表达方式的比较见图 2.4.5。

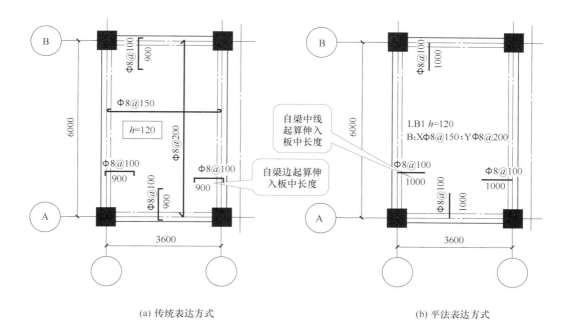

(a) 传统表达方式   (b) 平法表达方式

图 2.4.5 板施工图传统表达方式与平法表达方式的对比

三、决策、计划与实施

阅读"××××电缆生产基地办公综合楼"二层结构平面布置图（结施 10/13）。

首先自主学习 22G101-1 图集中关于有梁楼盖平法施工图制图规则部分的内容，然后阅读"××××电缆生产基地办公综合楼"二层结构平面布置图（结施 10/13），形成二层板施工图自审笔记并提交。

四、检查与评估

分组讨论各自的二层板施工图自审笔记，统一认识，形成小组二层板施工图自审报告。最终，教师对小组提交的二层板施工图自审报告进行点评。通过任务训练，培养追求知识、严谨治学、依法依规的科学态度。

任务 2　识读楼面板施工构造

一、任务要求

（1）学习 22G101-1 图集中有梁楼盖楼面板配筋构造、板在端部支座的锚固构造、上部贯通纵筋连接构造及悬挑板配筋构造，并与 18G901-1 图集中普通板部分相关的板纵向钢筋连接接头允许范围、板钢筋在支座部位的锚固构造、楼板下部纵筋排布构造、楼板上部纵筋排布构造、柱角位置板上部钢筋排布构造详图相对照，初步具备依据标准构造详图对楼面板进行施工的能力；

（2）列举"××××电缆生产基地办公综合楼"二层板中涉及的相关施工构造；

（3）培养严谨治学、精益求精的工匠精神和依法依规的科学态度。

二、资讯

（一）板纵筋一般构造

1. 一般排布与接头构造

楼面板钢筋的连接通常采用绑扎搭接，其钢筋的排布构造如图 2.4.6 所示。

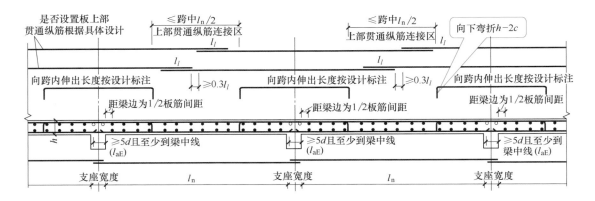

图 2.4.6　有梁楼盖楼面板钢筋排布构造

注：1. 当相邻等跨或不等跨的上部贯通纵筋配置不同时，应将配置较大者越过其标注的跨数终点或起点伸出至相邻跨的跨中连接区域连接。

2. 除本图所示搭接连接外，板纵筋可采用机械连接或焊接连接。接头位置：上部纵筋见本图所示连接区，下部纵筋宜在距支座 1/4 净跨内。

3. 板贯通纵筋的连接要求见 22G101-1 图集第 2-4 页，且同一连接区段内钢筋接头百分率不宜大于 50%。不等跨板上部贯通纵筋连接构造详见 22G101-1 图集第 2-52 页。

4. 当采用非接触方式的绑扎搭接连接时，要求见 22G101-1 图集第 2-53 页。

5. 板位于同一层面的两向交叉纵筋何向在下、何向在上，应按具体设计说明。

2. 锚固构造

对于普通楼面板，板纵向钢筋在端支座的锚固要求采用图 2.4.7 所示的构造要求［上部纵筋应伸至梁外侧角筋（角部纵筋）内侧向下弯折 $15d$；下部纵筋应至少伸到梁中且 $\geqslant 5d$，d 为纵向钢筋直径］。对于支座负筋，板内一端向下弯折长度为：板厚－2 倍的板混凝土保护层（$h-2c$），见图 2.4.7。

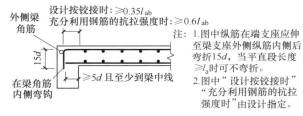

注：1. 图中纵筋在端支座应伸至梁支座外侧纵筋内侧后弯折 $15d$，当平直段长度 $\geqslant l_a$ 时可不弯折。

2. 图中"设计按铰接时""充分利用钢筋的抗拉强度时"由设计指定。

图 2.4.7　板纵向钢筋在端支座的锚固构造

（二）板钢筋排布避让构造

1. 板底钢筋排布构造

板底钢筋排布构造见图 2.4.8。

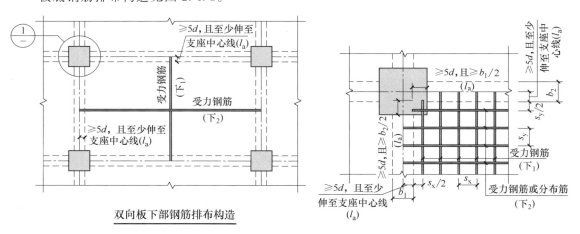

双向板下部钢筋排布构造

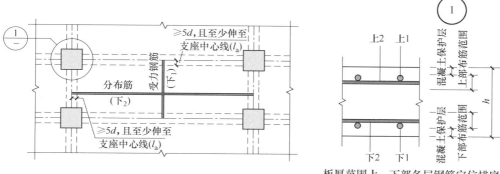

单向板下部钢筋排布构造

板厚范围上、下部各层钢筋定位排序示意

图 2.4.8 板底钢筋排布构造

注：1. 双向板下部双向交叉钢筋上、下位置关系应按具体设计说明排布；当设计未说明时，短跨方向钢筋应置于长跨方向钢筋之下。

2. 当下部受力钢筋采用 HPB300 级时，其末端应做 180°弯钩。

2. 板面钢筋排布构造

板面钢筋一般排布构造见图 2.4.9（a），与柱交接处的板面钢筋构造见图 2.4.9（b）。

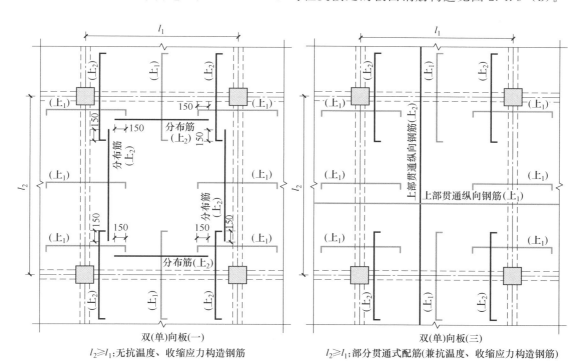

（a）板面钢筋一般排布构造

图 2.4.9

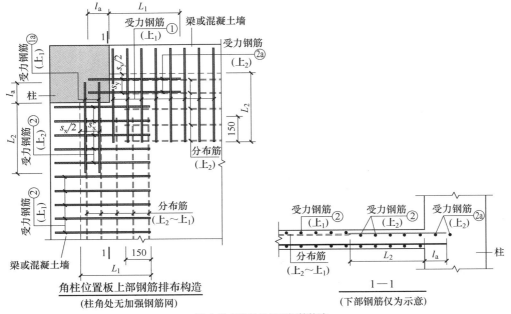

(b) 与柱交接处的板面钢筋构造

图 2.4.9　板面钢筋排布构造

（三）悬挑板配筋构造

一般楼面悬挑板 XB 配筋构造如图 2.4.10 所示。

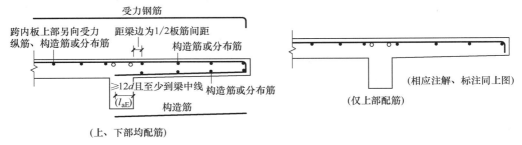

图 2.4.10　悬挑板 XB 配筋构造

特别提示

　　1. 当板、主梁、次梁顶部标高相同时，节点处钢筋排布的位置关系如图 2.4.11 所示。

　　2. 当板面平齐时，相邻板块的板面钢筋应贯通布置，不得分别在梁中弯折锚固。

图 2.4.11　板与主、次梁交接处的钢筋位置关系

三、决策、计划与实施

列举"××××电缆生产基地办公综合楼"工程楼面板涉及的相关施工构造。

首先自主学习 22G101-1 图集中有梁楼盖楼面板配筋构造、板纵筋在端部支座的锚固构造、上部贯通纵筋连接构造及悬挑板配筋构造，并与 18G901-1 图集中普通板部分相关的板纵筋连接接头允许范围、板纵筋在支座部位的锚固构造、板下部纵筋排布构造、板上部纵筋排布构造、柱角位置板上部纵筋排布构造详图相对照，然后与本工程二层板施工图相结合，列出本工程楼面板的施工构造做法清单并提交。

四、检查与评估

分组讨论各自提交的楼面板施工构造做法清单，统一认识，形成小组楼面板施工构造清单报告。最后，教师对小组提交的楼面板施工构造清单报告进行点评。通过任务训练，培养严谨治学、精益求精的工匠精神和依法依规的科学态度。

任务 3　楼面板 BIM 建模

一、任务要求

（1）将板施工图中关于楼面板的施工信息与标准构造详图相结合，利用 BIM 建模软件，完成结施 10/13 "××××电缆生产基地办公综合楼" 二层板的 BIM 建模任务；

（2）多维度动态观察所建二层板 BIM 模型，深入理解板施工图中表达的施工信息并掌握楼面板的施工构造；

（3）培养严谨治学、精益求精的工匠精神、团队协作的精神和依法依规的科学态度。

二、资讯

以二层Ⓑ轴～Ⓒ轴与①轴～②轴间下部板块（编号 2B1）为例。2B1 建模信息汇总如下：（未注明的尺寸单位为 mm）

1. 2B1 图纸信息

板块 2B1 位于Ⓑ轴～Ⓒ轴与①轴～②轴间的下部。查阅本图说明可知，2B1 板厚 100，板面、板底钢筋均为 Φ8@200，采用分离式配筋，板面支座负筋伸入梁中 850（自梁内边算起），支座负筋的分布钢筋为 ϕ6@200。

板混凝土强度等级为 C30。

2. 2B1 施工构造做法

（1）板面钢筋

① 排布：支座负筋或贯通纵筋短跨方向钢筋排布在上层，分布筋或长跨方向钢筋排布在下层；第一根钢筋距梁近边 100。

② 锚固：在梁中，伸至梁对边、梁纵筋内侧向下弯折 $15d$；在板内，伸至规定长度后向下弯折 $h-2c$（c 为板混凝土保护层厚度），与相邻板块共用的支座负筋贯通支座（梁）伸入对边板块中。支座负筋的分布钢筋与同向支座负筋端部搭接 150。

（2）板底钢筋

① 排布：短跨方向钢筋排布在下层，长跨方向钢筋排布在上层；第一根钢筋距梁近边 100。

② 锚固：在梁中直锚，伸至梁中线后切断。

③ 混凝土保护层厚度 $c=15\text{mm}$。

三、决策、计划与实施

参照二层 2B1 板块施工构造示例及附录 BIM 建模指导，对本工程的二层板进行 BIM 建模。

示例：二层板 2B1 施工构造

二层板 2B1 配筋构造见图 2.4.12。二层板 BIM 模型见图 2.4.13。

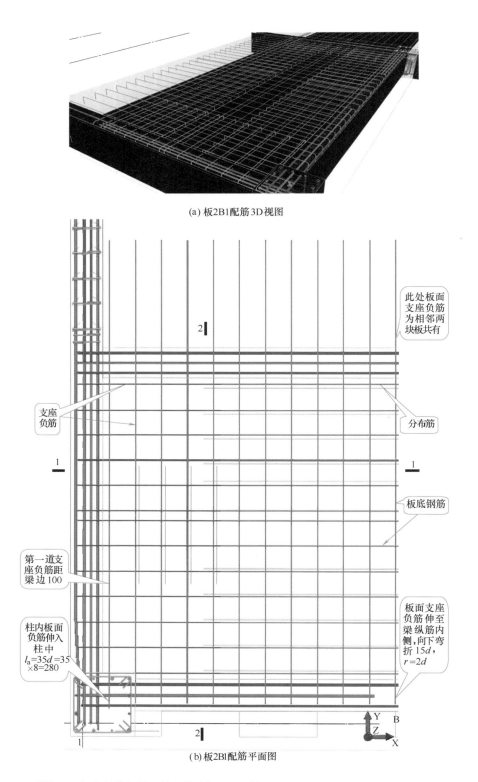

(a) 板2B1配筋3D视图

此处板面支座负筋为相邻两块板共有

支座负筋

分布筋

板底钢筋

第一道支座负筋距梁边100

板面支座负筋伸至梁纵筋内侧,向下弯折15d,$r=2d$

柱内板面负筋伸入柱中
$l_a=35d$ $d=35$ $\times 8=280$

(b) 板2B1配筋平面图

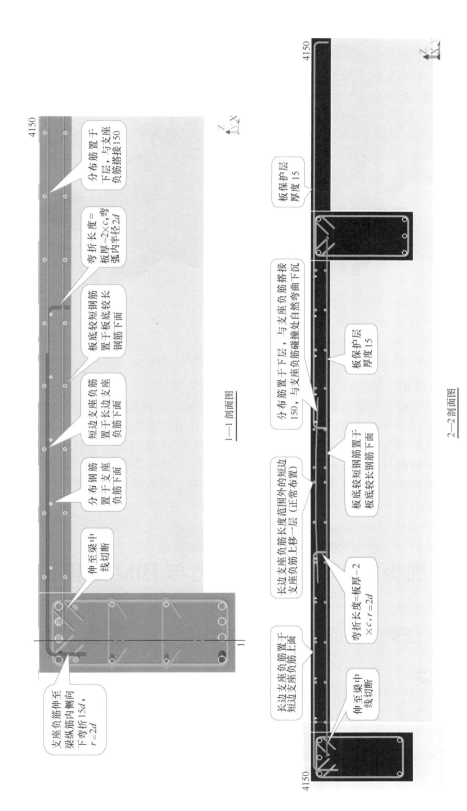

图 2.4.12 二层板 2B1 施工构造

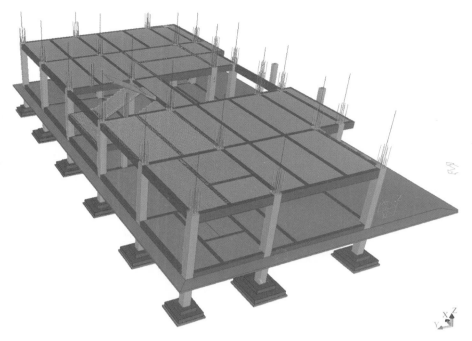

图 2.4.13　二层板 BIM 模型

四、检查与评估

首先小组成员之间交互检查各自所建二层板 BIM 模型，查阅构件中钢筋与混凝土属性，量取相关构造尺寸，并与图纸信息和标准构造详图进行比对，检查对图纸信息和标准构造详图的掌握程度。然后小组提交成员中最为满意的二层板 BIM 模型，教师进行检查与点评，通过查漏补缺，不断提高施工图识读能力和对标准构造的灵活应用能力。

通过任务训练，培养严谨治学、精益求精的工匠精神、团队协作的精神和依法依规的科学态度。

子项目 4.2

屋面板施工图、施工构造与 BIM 建模

任务 1　阅读屋面层结构平面布置图

一、任务要求

（1）进一步学习 22G101-1 图集中关于有梁楼盖平法施工图制图规则及楼板相关构造制图规则（重点是板开洞、板翻边、悬挑板放射筋等），能够熟练阅读现浇板施工图；

（2）请认真阅读"××××电缆生产基地办公综合楼"屋面层结构平面布置图（结施12/13），获取屋面板图纸信息，并回答如下问题：

① 屋面板混凝土强度等级为_____，保护层厚度为_____mm。

② 屋面板结构标高为_____m，板厚均为_____m。

③ 轴线①～②轴与 Ⓓ～Ⓔ轴之间上部板块的 X 向（水平方向，下同）支座负筋为

_____，自梁内边算起伸入板内的长度为_____mm；Y 向（垂直方向，下同）板面钢筋贯通布置，配筋为_____；板底 X 向钢筋为_____、Y 向钢筋为_____。

①～②轴与Ⓓ～Ⓔ轴之间下部板块的板底、板面钢筋采用贯通配筋的形式，板底 X 向钢筋为_____、Y 向钢筋为_____；板面 X 向钢筋为_____、Y 向钢筋为_____。

④轴线②～⑤轴与Ⓒ～Ⓓ轴之间所有的板块 X 向支座负筋均为_____，自梁内边算起伸入板内的长度为_____mm；Y 向板面钢筋采用贯通配筋的形式，配筋为_____，并延伸至相邻的现浇板内_____mm；板底 X 向钢筋为_____、Y 向钢筋为_____。

⑤轴线②～⑤轴与Ⓑ～Ⓒ轴之间及②～⑤轴与Ⓓ～Ⓔ轴之间的所有板块的板面负筋均采用分离式布筋，Y 向板面负筋为_____，自梁内边算起伸入板内的长度为_____mm。

⑥ 屋面板板面无负筋区域均加_____双向钢筋网与板面负筋搭接_____mm。

⑦ 屋面检修孔（洞）平面尺寸为_____，洞边距Ⓒ轴_____mm，距⑥轴_____mm。洞边补强钢筋为_____。

二、资讯

本工程屋面板施工图采用传统表示方法，与楼面板施工图表达基本相同，请参照模块二项目 4 子项目 4.1 之"任务 1 阅读二层结构平面布置图"的内容进一步学习，达到熟练阅读板施工图的目的。

楼板相关构造包括纵筋加强带、后浇带、板开洞、板翻边、角部加强筋、悬挑板放射筋、局部升降板等内容，其平法制图规则系在板平法施工图上直接引注的方式表达；其传统表达方式一般在结构设计总说明中以图示说明。

楼板相关构造的平法制图规则请查阅 22G101-1 图集进行学习。

三、决策、计划与实施

阅读"××××电缆生产基地办公综合楼"屋面层结构平面布置图（结施 12/13）。

首先进一步学习 22G101-1 图集中关于有梁楼盖平法施工图制图规则及楼板相关构造制图规则（重点是板开洞、板翻边、悬挑板放射筋等），然后阅读"××××电缆生产基地办公综合楼"屋面层结构平面布置图（结施 12/13），形成屋面板施工图自审笔记并提交。

四、检查与评估

分组讨论各自的屋面板施工图自审笔记，统一认识，形成小组屋面板施工图自审报告。最后，教师对小组提交的屋面板施工图自审报告进行点评。通过任务训练，培养追求知识、严谨治学、依法依规的科学态度。

任务 2　识读屋面板施工构造

一、任务要求

（1）学习 22G101-1 图集中有梁楼盖屋面板配筋构造及板开洞洞边加强钢筋构造，并与 18G901-1 图集中普通板部分相关的屋面板配筋构造等标准构造详图相对照，具备依据标准构造详图对屋面板进行正确施工的能力；

（2）列举"××××电缆生产基地办公综合楼"屋面板中涉及的相关施工构造；

（3）培养严谨治学、精益求精的工匠精神及依法依规的科学态度。

二、资讯

查阅 22G101-1 或 18G901-1 图集可知，屋面板与楼面板的施工构造基本相同，故可参照学习。

屋面板施工构造还涉及板开洞洞边加强钢筋构造、板翻边构造、悬挑板放射筋构造、局部升降板构造等内容。本工程涉及板开洞洞边加强钢筋构造、板翻边构造，说明如下（其他构造做法请查阅 18G901-1 图集普通板部分）：

1. 板开洞洞边加强钢筋构造

当板开洞边长大于 300 但不大于 1000 时，洞边应按图 2.4.14 的要求增设加强钢筋（板开洞边长不大于 300 时，板钢筋绕过孔洞，不另设补强钢筋）。

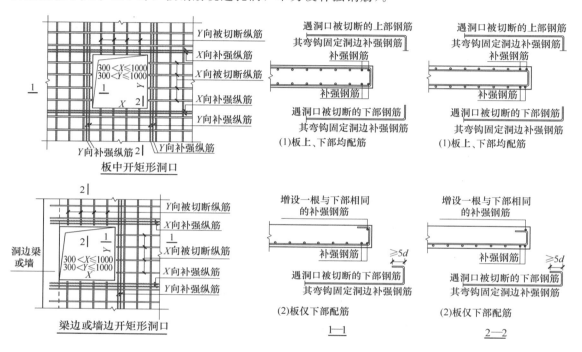

图 2.4.14　洞口大于 300 且不大于 1000 的现浇板钢筋排布构造

注：1. 当设计注写补强钢筋时，应按注写的规格、数量与长度值补强。当设计未注写时，X 向、Y 向分别按每边配置两根直径不小于 12 且不小于同向被切断纵向钢筋总面积的 50% 补强，补强钢筋与被切断钢筋布置在同一层面，两根补强钢筋之间的净距为 30。

2. 补强钢筋的强度等级与被切断钢筋相同。

3. X 向、Y 向补强纵筋伸入支座的锚固方式同板中受力钢筋，当不伸入支座时，设计应标注。

2. 板翻边钢筋构造

板翻边钢筋构造见图 2.4.15。

三、决策、计划与实施

列举"××××电缆生产基地办公综合楼"工程屋面板涉及的相关施工构造。

首先进一步学习 22G101-1 图集中有梁楼盖屋面板配筋构造及板开洞洞边加强钢筋构造，并与 18G901-1 图集中普通板部分相关的屋面板配筋构造等标准构造详图相对照，然后与本工程屋面板施工图相结合，列出本工程屋面板的施工构造做法清单并提交。

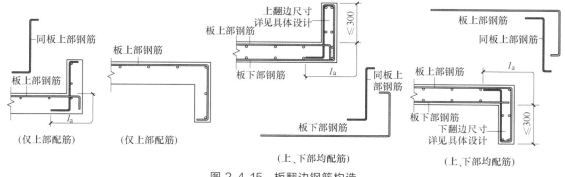

图 2.4.15　板翻边钢筋构造

（仅上部配筋）　　　（仅上部配筋）　　　（上、下部均配筋）　　　（上、下部均配筋）

四、检查与评估

分组讨论各自提交的屋面板施工构造做法清单，统一认识，形成小组屋面板施工构造清单报告。最终，教师对小组提交的屋面板施工构造清单报告进行点评。通过任务训练，培养严谨治学、精益求精的工匠精神和依法依规的科学态度。

任务 3　屋面板 BIM 建模

一、任务要求

（1）将板施工图中关于屋面板的施工信息与标准构造详图相结合，利用 BIM 建模软件，完成结施 12/13 "××××电缆生产基地办公综合楼"屋面板的 BIM 建模任务；

（2）多维度动态观察所建屋面板 BIM 模型，深入理解板施工图中表达的施工信息并掌握屋面板的施工构造；

（3）培养严谨治学、精益求精的工匠精神、团队协作的精神和依法依规的科学态度。

二、资讯

以屋面⑤轴～⑥轴与Ⓒ轴～Ⓓ轴间板块（编号 WMB1）为例。WMB1 建模信息汇总如下：（未注明的尺寸单位为 mm）

1. WMB1 图纸信息

WMB1 位于⑤轴～⑥轴与Ⓒ轴～Ⓓ轴间。查阅图纸说明可知，WMB1 板厚 120，板面、板底钢筋均为 Φ8@200，板面 X 向（水平向）支座负筋采用分离式配筋，板面 Y 向（垂直向）钢筋贯通布置。板面支座负筋伸入梁中 700（自梁内边算起），板面贯通钢筋兼作板面负筋的分布钢筋使用。

板混凝土强度等级为 C30。

2. WMB1 施工构造做法

（1）板面支座负筋：在梁中，伸至梁对边、梁角筋内侧向下弯折 15d；在板内，伸至规定长度后向下弯折 $h-2c$（c 为板混凝土保护层厚度），与相邻板块共用的支座负筋贯通支座（梁）伸入对边板块中。非贯通的支座负筋之间用 Φ6@150 的分布钢筋相连接（端部与同向支座负筋搭接 300）。

（2）板面贯通钢筋：贯通板面后两端伸入对边板块作为其支座负筋使用。

（3）板底钢筋：在梁中直锚，伸至梁中线后切断。

（4）洞边增设加强钢筋 3Φ12（净距 30）。贯通钢筋：板底加强钢筋两端伸至梁（支座）中线，板面加强钢筋两端伸至梁（支座）对边角筋内侧向下弯锚 15d。WMB1 非贯通钢筋：板底加强钢筋一端伸至梁（支座）中线，另一端伸过洞边 40d，并放置于短跨方向加强钢筋之上。板面加强钢筋一端伸至梁（支座）对边角筋内侧向下弯锚 $15d$，另一端锚固同板底加强钢筋。

（5）洞口翻边构造按图纸中屋面检修孔四周加筋构造施工。

（6）混凝土保护层厚度 $c＝15\mathrm{mm}$。

三、决策、计划与实施

参照 WMB1 板块配筋构造示例及附录 BIM 建模指导，对本工程的屋面板进行 BIM 建模。

示例： WMB1 施工构造

（1）WMB1 洞口翻边配筋构造见图 2.4.16。

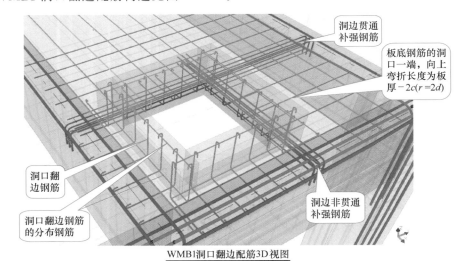

洞边贯通补强钢筋

板底钢筋的洞口一端，向上弯折长度为板厚 $-2c(r=2d)$

洞口翻边钢筋

洞口翻边钢筋的分布钢筋

洞边非贯通补强钢筋

WMB1洞口翻边配筋3D视图

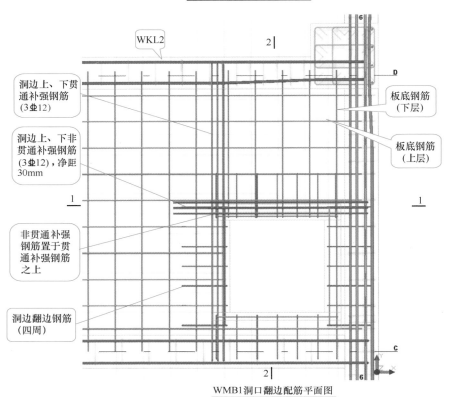

WKL2

2

洞边上、下贯通补强钢筋（3⊈12）

洞边上、下非贯通补强钢筋（3⊈12），净距30mm

非贯通补强钢筋置于贯通补强钢筋之上

洞边翻边钢筋（四周）

D

板底钢筋（下层）

板底钢筋（上层）

WMB1洞口翻边配筋平面图

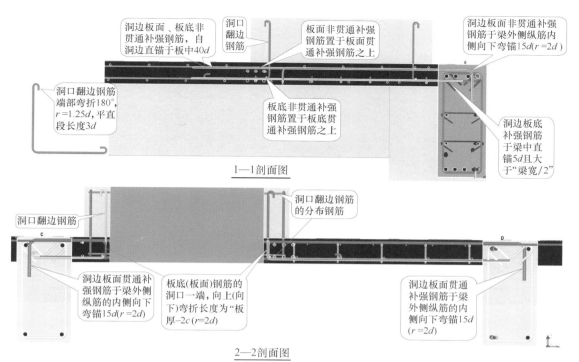

图 2.4.16　WMB1 洞口翻边配筋构造

说明：为清晰起见，WMB1 洞口翻边配筋构造 3D 视图及其平面图中隐藏了板面钢筋。
（2）WMB1 板面及板底配筋构造见图 2.4.17。

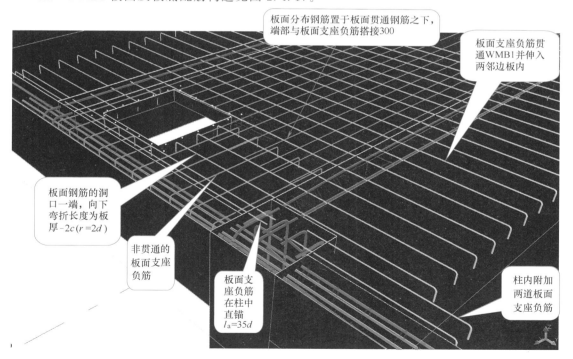

板面配筋3D剖视图

图 2.4.17

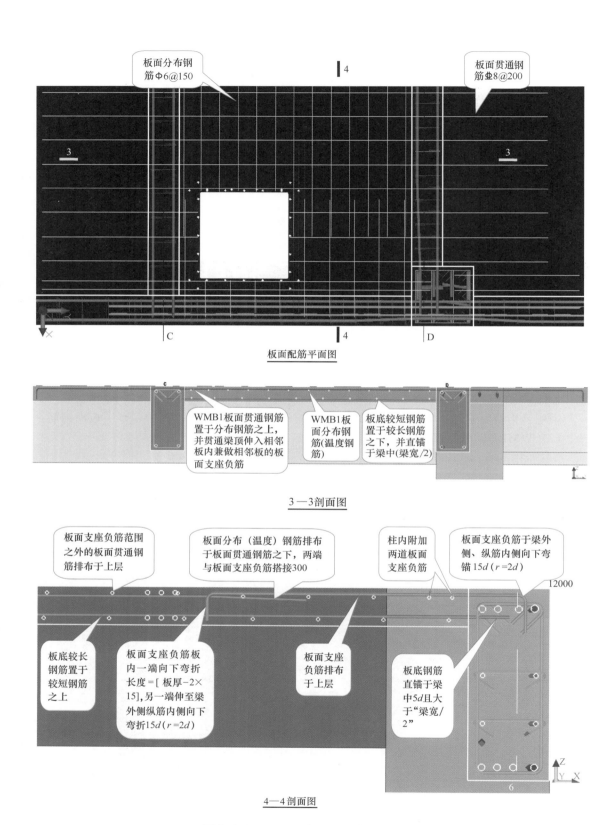

图 2.4.17 WMB1 板面及板底配筋构造

说明：为清晰起见，WMB1 施工构造 3D 视图及其平面图中隐藏了板底钢筋。
屋面板建模完成后结构的 BIM 模型见图 2.4.18。

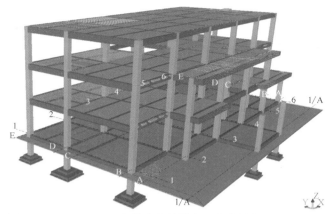

图 2.4.18　××××电缆生产基地办公综合楼结构 BIM 模型

四、检查与评估

首先小组成员之间交互检查各自所建屋面板 BIM 模型，查阅构件中钢筋与混凝土属性，量取相关构造尺寸，并与图纸信息和标准构造详图进行比对，检查对图纸信息和标准构造详图的掌握程度。然后小组提交成员中最为满意的屋面板 BIM 模型，教师进行检查与点评，通过查漏补缺，不断提高施工图识读能力和对标准构造的灵活应用能力。

通过任务训练，培养严谨治学、精益求精的工匠精神、团队协作的精神和依法依规的科学态度。

小结

板中通常配置板底钢筋与板面钢筋。板面钢筋可以采用分离式配筋或贯通配筋。板结构施工图表达有传统表达方法和平法表达方法两种。板的施工构造主要有：

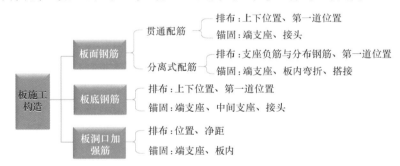

板 BIM 建模是将板施工图中的施工信息与标准构造详图相结合，依托真实工程，利用 BIM 建模软件模拟板施工，以得到强化施工图阅读能力、灵活应用标准构造进行施工的学习目的。

自测与训练

请登录"浙江省高等学校在线开放课程共享平台"（网址：www.zjooc.cn），搜索并加入课程学习，在线完成自测与训练任务。

项目 5

楼梯施工图、施工构造与BIM建模

任务 1　阅读楼梯施工图

一、任务要求

（1）阅读楼梯施工图，并与 22G101-2 图集中关于板式楼梯平法施工图制图规则相对照，能够初步读懂板式楼梯施工图；

（2）请认真阅读"××××电缆生产基地办公综合楼"楼梯详图（结施 13/13）中楼梯一层、二层平面布置图及其详图，并回答如下问题：

① 楼梯的混凝土强度等级为＿＿＿＿＿，TL、TZ、PTL 的混凝土保护层厚度为＿＿＿＿＿mm，平台板混凝土保护层厚度为＿＿＿＿＿mm。

② 楼梯间位于＿＿＿＿轴～＿＿＿＿轴与＿＿＿＿轴～＿＿＿＿轴之间。楼梯一层平面布置图中，TB-1 第一跑宽度是＿＿＿＿mm，第二跑宽度是＿＿＿＿mm。

③ TB-1 板厚为＿＿＿＿mm，共有＿＿＿＿个踏步，踏步高度为＿＿＿＿mm，宽度为＿＿＿＿mm，板底纵向受力钢筋为＿＿＿＿＿，分布筋为＿＿＿＿＿，板面纵向受力钢筋为＿＿＿＿＿，分布筋为＿＿＿＿＿。

④ TB-2 板厚为＿＿＿＿mm，共有＿＿＿个踏步，踏步高度为＿＿＿＿mm，宽度为＿＿＿＿mm，板底纵向受力钢筋为＿＿＿，分布筋为＿＿＿＿＿，板面纵向受力钢筋为＿＿＿＿＿，分布筋为＿＿＿＿＿。

⑤ TZ 截面尺寸为＿＿＿＿＿＿＿＿，纵筋为＿＿＿＿＿＿＿＿，箍筋为＿＿＿＿＿＿＿＿；TL 截面尺寸为＿＿＿＿＿＿＿＿，上部纵筋为＿＿＿＿＿＿＿＿，下部纵筋为＿＿＿＿＿＿＿＿，箍筋为＿＿＿＿＿＿＿＿，侧面纵筋为＿＿＿＿＿＿＿＿，侧面纵筋的拉筋为＿＿＿＿＿＿＿＿；PTL 截面尺寸为＿＿＿＿＿＿＿＿，上部纵筋为＿＿＿＿＿＿＿＿，下部纵筋为＿＿＿＿＿＿＿＿，箍筋为＿＿＿＿＿＿＿＿。

⑥ 楼梯平台板厚为＿＿＿＿＿＿＿mm，板底两个方向的钢筋均为＿＿＿＿＿＿＿，板面两个方向的钢筋均为＿＿＿＿＿＿＿。

二、资讯

1. 楼梯的类型

楼梯是房屋竖向交通和人员疏散的重要通道。钢筋混凝土现浇楼梯的种类很多，按构件受力不同可分为板式楼梯、梁式楼梯和螺旋式楼梯等类型，见图 2.5.1。板式楼梯具有下表面平整、施工支模方便等优点，目前工程中应用最为广泛。

2. 板式楼梯的组成与配筋

（1）板式楼梯的组成　工程中常用的板式楼梯，一般由梯段斜板（踏步板）、梯柱、梯梁（也称平台梁）及平台板（包括层间平台板及楼层平台板）组成（图 2.5.2）。梯段斜板是一块带有踏步的斜板，板的两端支承在梯梁上（最下端可支承在基础梁上，也可单独做基础）。

（2）板式楼梯的配筋　板式楼梯中的梯柱、梯梁、休息平台板配筋与一般的框架柱、框

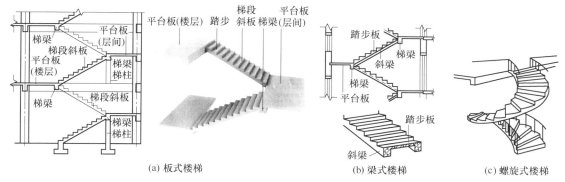

图 2.5.1　楼梯的类型

架梁、楼面板的配筋相同，请参照学习。

梯段斜板为两端支承于梯梁的单向板（主要沿板跨方向受力）。梯段斜板中配有板底、板面钢筋（板跨方向的钢筋为纵向受力筋，与其垂直相交的钢筋为分布筋）。与一般楼面板相同，板面纵向受力钢筋可以贯通配置，也可以采用分离式配筋（图 2.5.3）。采用分离式配筋时，在垂直受力钢筋的方向仍应按构造配置分布筋，并要求每一个踏步下至少放置一根。

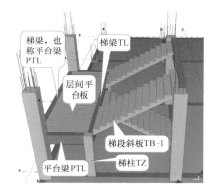

图 2.5.2　板式楼梯的组成

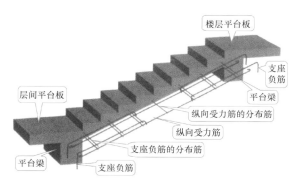

图 2.5.3　梯段斜板分离式配筋

3. 板式楼梯的施工图表达

板式楼梯施工图的表达通常有两种：第一种是采用投影原理按楼梯平面、立面、剖面及局部详图等综合形象的施工图表达方式（即传统表达方式）；第二种是采用板式楼梯平法施工图制图规则绘制的楼梯平法施工图。

传统表达方式的楼梯施工图较为直观，目前较常采用，本工程的楼梯施工图即采用这种表达方法，具体的表达方式参见本工程的楼梯详图。板式楼梯平法施工图表达较为复杂，本书不做介绍，可参阅 22G101-2 图集学习。需要注意的是，当楼梯不参与框架结构的整体抗震计算时，梯段斜板应在低端梯梁处设置滑动支座，见图 2.5.4。

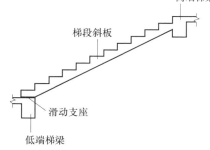

图 2.5.4　带滑动支座的板式楼梯

三、决策、计划与实施

阅读"××××电缆生产基地办公综合楼"楼梯详图（结施 13/13）。

首先自主学习楼梯相关知识并与 22G101-2 图集中关于板式楼梯平法施工图制图规则相

对照，然后阅读"××××电缆生产基地办公综合楼"楼梯详图（结施 13/13），形成楼梯施工图自审笔记并提交。

四、检查与评估

分组讨论各自的楼梯施工图自审笔记，统一认识，形成小组楼梯施工图自审报告。最后，教师对小组提交的楼梯施工图自审报告进行点评。通过任务训练，培养追求知识、严谨治学、依法依规的科学态度。

任务 2　识读楼梯施工构造

一、任务要求

（1）学习 22G101-2 图集中 AT 型板式楼梯梯段斜板的配筋构造、平台板配筋构造及楼梯第一跑与基础连接构造，并与 18G901-2 图集中 AT 型楼梯梯段斜板配筋构造、梯梁节点处钢筋排布构造详图，楼梯楼层、层间平台板钢筋排布构造，楼梯第一跑与基础连接构造详图相对照，具备依据标准构造详图对楼梯进行正确施工的能力；

（2）列举"××××电缆生产基地办公综合楼"楼梯中涉及的相关施工构造；

（3）培养严谨治学、精益求精的工匠精神和依法依规的科学态度。

二、资讯

1. 梯段斜板配筋构造

本工程楼梯的梯段斜板配筋构造选用 AT 型楼梯梯段斜板配筋构造（图 2.5.5），需要注意的是本工程梯段斜板的松面纵筋为贯通的配筋形式。其他类型的楼梯梯段斜板配筋构造请查阅 18G901-2 图集。

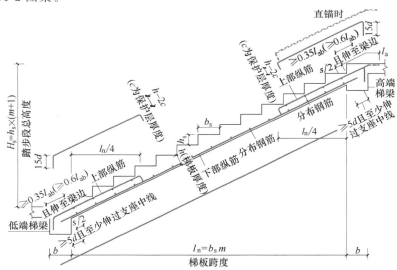

图 2.5.5　AT 型楼梯梯段斜板配筋构造

注：1. 梯板踏步段内斜放钢筋长度的计算方法：钢筋斜长=水平投影长度×k，其中

$$k=\frac{\sqrt{b_s^2+h_s^2}}{b_s}$$

2. 图中上部纵筋锚固长度 $0.35l_{ab}$ 用于设计按铰接的情况，括号内数据 $0.6l_{ab}$ 用于设计考虑充分发挥钢筋抗拉强度的情况，具体工程中设计应指明采用何种情况。

3. 上部纵筋需伸至支座对边再向下弯折，上部纵筋有条件时可直接伸入平台板内锚固，从支座内边算起总锚固长度不小于 l_a，如图中虚线表示。梯板纵筋的标注起始位置详见 18G901-2 图集第 7 页。

4. 梯梁处钢筋排布构造详图见 18G901-2 图集第 33～36 页，楼梯楼层、层间平台板钢筋构造见 18G901-2 图集第 37 页。

5. s 为所对应板钢筋间距。

（1）梯段斜板与梯梁节点处钢筋排布构造详图见图 2.5.6。

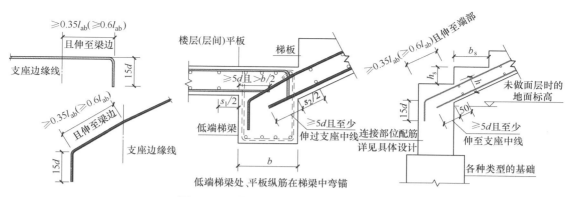

图 2.5.6 梯梁节点处钢筋排布构造详图

注：1. 图中上部纵筋锚固长度 $0.35l_{ab}$ 用于设计按铰接的情况，括号内数据 $0.6l_{ab}$ 用于设计考虑充分发挥钢筋抗拉强度的情况，具体工程设计应指明采用何种情况。

2. 梯板、平板上部纵筋需伸至支座对边再向下弯折。

3. s 为对应板钢筋间距。

（2）不同踏步位置推高与高度减小构造。由于本工程结构标高为 $0.000 - 0.050 = -0.050$（m），而 KL4 顶面结构标高为 -0.100m，故踏步推高 0.05m，选用图 2.5.7 的构造形式。

2. 楼梯楼层、层间平台板钢筋排布构造

楼梯楼层、层间平台板钢筋排布构造见图 2.5.8。

注：图中 δ_1 为第一级与中间各级踏步整体竖向推高值；h_1 为第一级（推高后）踏步的结构高度；h_2 为最上一级（减小后）踏步的结构高度；Δ_1 为第一级踏步根部面层厚度；Δ_2 为中间各级踏步的面层厚度；Δ_3 为最上一级踏步（板）面层厚度；h 为梯板厚度；b_s 为踏步宽度；h_s 为正常踏步结构高度。

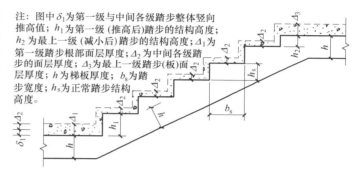

图 2.5.7 不同踏步位置推高与高度减小构造

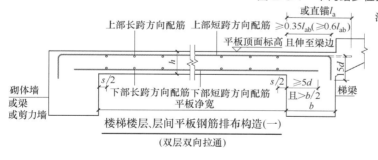

楼梯楼层、层间平板钢筋排布构造（一）

（双层双向拉通）

注：1. 图中上部纵筋锚固长度 $0.35l_{ab}$ 用于设计按铰接的情况，括号内数据 $0.6l_{ab}$ 用于设计考虑充分发挥钢筋抗拉强度的情况，具体工程中设计应指明采用何种情况。

2. 楼梯楼层、层间平台板长跨方向构造做法原则与本图相同。

3. 当为梯梁或楼层梁时，做法同梯梁节点处钢筋排布构造详图中楼层（层间）平台钢筋做法。详见18G901-2图集第33～36页。

4. s 为所对应板钢筋间距。

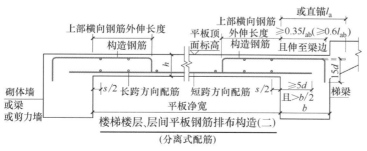

楼梯楼层、层间平板钢筋排布构造（二）

（分离式配筋）

图 2.5.8 楼梯楼层、层间平台板钢筋排布构造

3. 梯梁、梯柱施工构造

本工程 PTL 与框架柱节点参照楼层框架梁构造施工。TZ 属于梁上柱,其与框架梁节点及柱顶节点配筋构造选用图 2.5.9 所示的构造形式。由于梯柱高度较小,纵筋采用自梁中直接贯通至柱顶,不再留设接头。

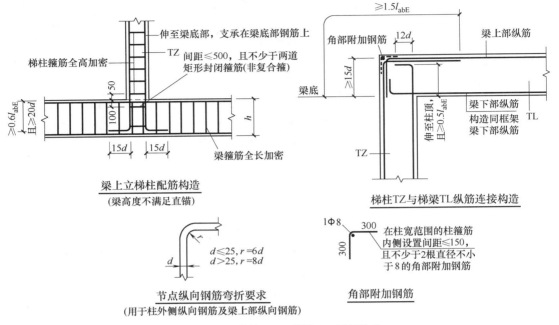

图 2.5.9 梯柱 TZ、梯梁 TL 配筋构造

注:梯梁 TL、梯柱 TZ 配筋可参照 22G101-1 的标注。

三、决策、计划与实施

列举"××××电缆生产基地办公综合楼"工程中楼梯涉及的相关施工构造。

首先自主学习 22G101-2 图集中 AT 型板式楼梯梯段斜板的配筋构造、平台板配筋构造及楼梯第一跑与基础连接构造,并与 18G901-2 图集中 AT 型楼梯梯段斜板配筋构造、梯梁节点处钢筋排布构造详图与楼梯楼层、层间平台板钢筋排布构造及楼梯第一跑与基础连接构造相对照,然后与本工程楼梯详图相结合,列出本工程楼梯施工构造做法清单并提交。

四、检查与评估

分组讨论各自提交的楼梯施工构造做法清单,统一认识,形成小组楼梯施工构造清单报告。最终,教师对小组提交的楼梯施工构造清单报告进行点评。通过任务训练,培养严谨治学、精益求精的工匠精神和依法依规的科学态度。

任务 3　楼梯 BIM 建模

一、任务要求

(1)将楼梯施工图中表达的施工信息与标准构造详图相结合,利用 BIM 建模软件,完成结施 13/13"××××电缆生产基地办公综合楼"楼梯的 BIM 建模任务;

(2)多维度动态观察所建楼梯 BIM 模型,深入理解楼梯施工图中表达的施工信息并掌握楼梯的施工构造;

（3）培养严谨治学、精益求精的工匠精神、团队协作的精神和依法依规的科学态度。

二、资讯

楼梯建模信息汇总如下：（未注明的尺寸单位为 mm）

1. 楼梯图纸信息

（1）平面与立面布置：楼梯位于③轴～④轴与①轴～⑤轴之间，层间平台板的结构标高分别为 2.050m、6.050m。

（2）梯段斜板：TB-1 和 TB-2 厚度均为 120，板面、板底纵向受力筋均为 Φ12@150，分布筋均为 Φ8@200。

（3）平台梁：支承梯段斜板的平台梁（TL）的截面尺寸为 200×500，上部纵筋为 2Φ22，下部纵筋为 3Φ22，侧面抗扭纵筋为 4Φ12，箍筋为 φ8@100；支承层间平台板的梁，除 TL 外的其他平台梁（PTL）截面尺寸为 200×450，上部纵筋为 2Φ16，下部纵筋为 3Φ18，箍筋为 φ8@100。

（4）梯柱：TZ 的截面尺寸为 250×350，纵筋为 6Φ16，箍筋为 φ8@100（2×3）；支承TZ 的 KL 于 TZ 底附加 2Φ12 的附加吊筋。

（5）层间平台板：查阅楼梯说明可知，层间平台板板厚 100，板面、板底钢筋均为 Φ8@200（双层双向）。

（6）楼梯混凝土强度等级为 C30。

2. 楼梯施工构造做法

（1）梯段斜板

① 排布：板底纵向受力筋排在其分布钢筋之下；板面纵向受力筋排在其分布钢筋之上。板面、板底第一道纵向受力筋离开板边 100；第一道分布钢筋离开 KL4 近边 100。

② 锚固：板底纵向受力筋伸至梁（支座）中线直锚；板面纵向受力筋伸至梁（支座）对边后向下弯折 15d。

③ 梯段斜板混凝土保护层厚度为 15mm。

（2）层间平台板

① 排布：板底短跨纵筋排于长跨纵筋之下；板面短跨纵筋排于长跨纵筋之上。板底（板面）第一道纵筋距平台梁近边 100。

② 锚固：板底纵筋伸至平台梁（支座）中线直锚；板面纵筋伸至平台梁（支座）对边后向下弯折 15d。

③ 层间平台板混凝土保护层厚度为 15mm。

（3）平台梁

① 排布：平台梁纵筋排布于 TZ 或 KZ 纵筋内侧。第一道箍筋离开 TZ 或 KZ 近边 50，箍筋接口于梁顶角部交错布置。

② 锚固：平台梁底（梁顶）纵筋伸至 KZ 对边纵筋内侧后向上（向下）弯折 15d（r＝2d）；平台梁顶纵筋伸至 TZ 对边纵筋内侧后向下弯折至梁底（r＝6d），梁底纵筋伸至 TZ 对边纵筋内侧后向上弯折 15d（r＝2d）。

③ 平台梁混凝土保护层厚度为 20mm。

（4）梯柱

① 排布：柱纵筋底部排布在 KL 纵筋内侧；柱纵筋顶部排布在平台梁外侧。柱纵筋于柱顶分两层向柱内弯折，于柱底 KL 内设置两道非复合箍筋（2×2），上道箍筋距 KL 顶100。柱底第一道箍筋距 KL 顶 50，柱顶第一道箍筋距 TL 底 50。

② 锚固：柱纵筋伸至柱底 KL 下部纵筋之上弯锚 15d（r＝2d）；梯柱梁宽范围内的外

侧纵筋自梁底起算，伸至柱顶并弯入（$r=6d$）梯梁中的总的锚固长度≥$1.5l_{abE}$，梯柱梁宽范围外的外侧纵筋伸至柱顶弯折 $12d$（$r=6d$）；梯柱内侧纵筋伸至柱顶并弯折 $12d$（$r=2d$）。

③ 平台梁混凝土保护层厚度为 20mm。

（5）附加吊筋。附加吊筋排布于 KL 上部角筋内侧，弯起角度为 45°，弯起后于 KL 顶弯平锚固 $20d$。

三、决策、计划与实施

参照首层楼梯施工构造示例及附录 BIM 建模指导，对本工程的楼梯进行 BIM 建模。

示例： 首层楼梯施工构造

标高－0.100 结构层施工完成后的施工现场见图 2.5.10。TB-1 施工构造见图 2.5.11、图 2.5.12。TZ、TL、PTL 节点配筋构造见图 2.5.13。层间平台板施工构造见图 2.5.14。

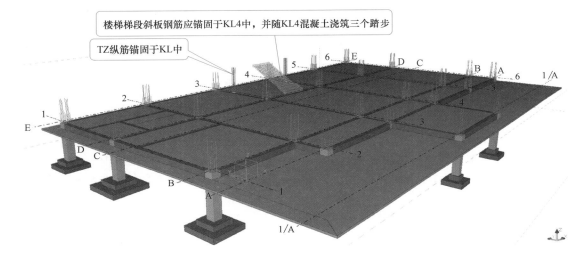

图 2.5.10 标高－0.100 结构层施工完成后的施工现场

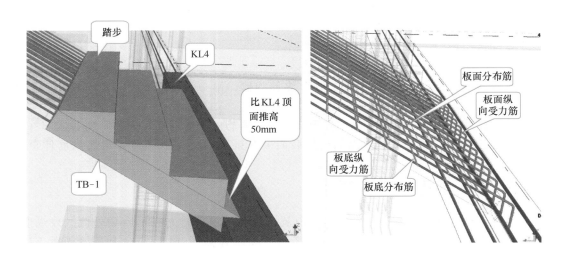

图 2.5.11 TB-1 与 KL4 节点配筋 3D 视图

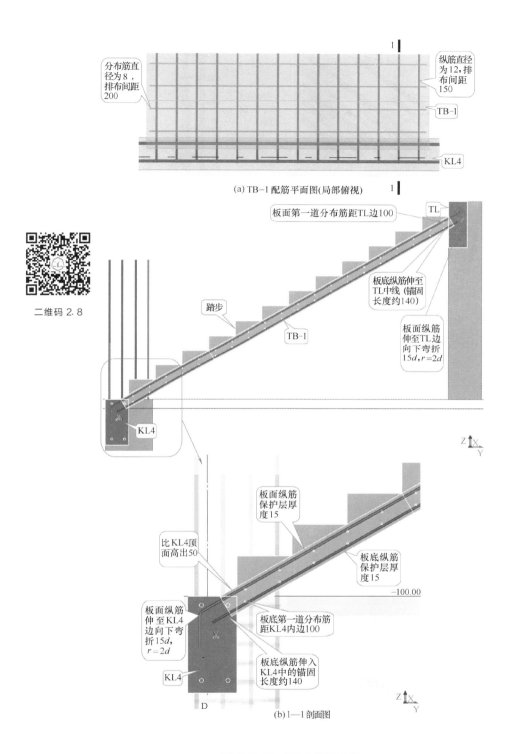

（a）TB-1配筋平面图(局部俯视)

分布筋直径为8，排布间距200

纵筋直径为12，排布间距150

TB-1

KL4

二维码 2.8

板面第一道分布筋距TL边100

TL

板底纵筋伸至TL中线（锚固长度约140）

踏步

板面纵筋伸至TL边向下弯折15d，r=2d

TB-1

KL4

板面纵筋保护层厚度15

比KL4顶面高出50

板底纵筋保护层厚度15

−100.00

板面纵筋伸至KL4边向下弯折15d，r=2d

板底第一道分布筋距KL4内边100

板底纵筋伸入KL4中的锚固长度约140

KL4

D

（b）1—1剖面图

图 2.5.12　TB-1施工构造

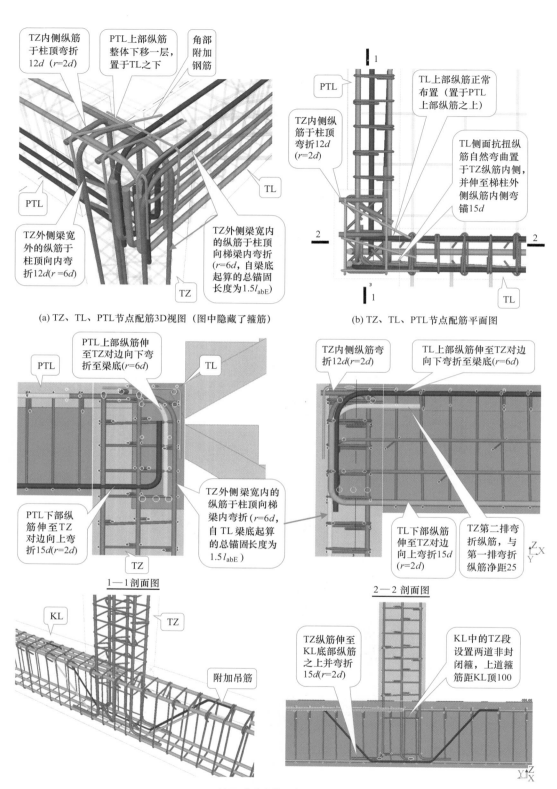

(a) TZ、TL、PTL节点配筋3D视图（图中隐藏了箍筋）

(b) TZ、TL、PTL节点配筋平面图

1—1 剖面图

2—2 剖面图

(c) TZ柱底配筋3D视图及剖面图

图 2.5.13 TZ、TL、PTL 节点配筋构造

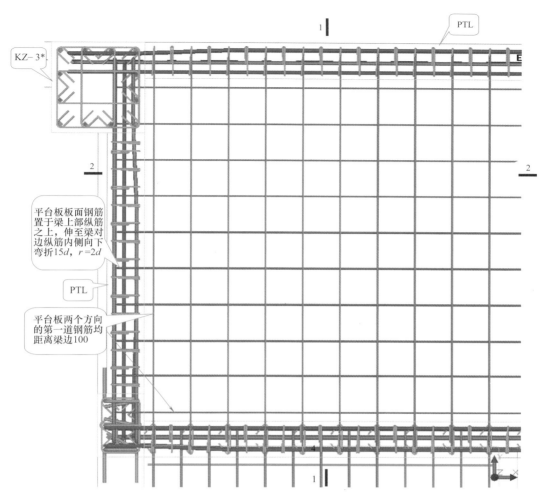

(a) 平台板配筋平面图

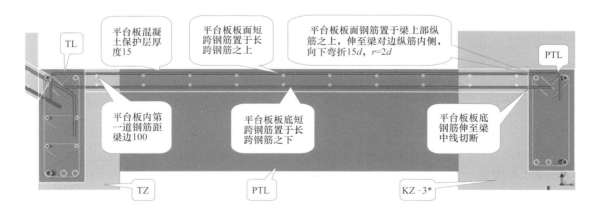

(b) 1—1 剖面图

图 2.5.14

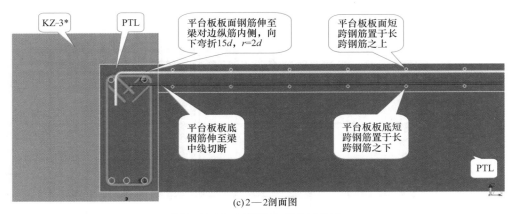

(c)2—2剖面图

图 2.5.14　层间平台板施工构造

注：长跨钢筋指沿板长边方向布置的钢筋；短跨钢筋指沿板短边方向布置的钢筋。

四、检查与评估

首先小组成员之间交互检查各自所建楼梯 BIM 模型，查阅构件中钢筋与混凝土属性，量取相关构造尺寸，并与图纸信息和标准构造详图要求进行比对，检查对图纸信息和标准构造详图的掌握程度。然后小组提交成员中最为满意的楼梯 BIM 模型，教师进行检查与点评，通过查漏补缺，不断提高楼梯识图能力和对标准构造的灵活应用能力。

通过任务训练，培养严谨治学、精益求精的工匠精神、团队协作的精神和依法依规的科学态度。

小结

目前，板式楼梯在工程中应用广泛。板式楼梯的施工图表达有传统表达方式与平法表达方式两种。板式楼梯类似于一个小框架结构，其组成构件及施工构造如下：

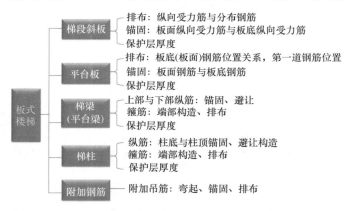

楼梯 BIM 建模是将楼梯施工图中的施工信息与标准构造详图相结合，依托真实工程，利用 BIM 建模软件模拟楼梯施工，以达到强化施工图阅读能力、灵活应用标准构造进行施工的学习目的。

自测与训练

请登录"浙江省高等学校在线开放课程共享平台"（网址：www.zjooc.cn），搜索并加入课程学习，在线完成自测与训练任务。

模块三 | 剪力墙结构识图、施工构造与BIM建模示例

学习目标

知识目标

- 了解：剪力墙的组成构件及其特点
- 熟悉：墙柱、墙身、墙梁平法施工图表达方式；墙柱、墙身、墙梁标准配筋构造详图
- 理解：墙柱、墙身、墙梁中钢筋配置及基本要求；约束边缘构件与构造边缘构件的概念与区别；结构构件节点钢筋排布与避让原则

能力目标

- 能够读懂钢筋混凝土剪力墙结构平法施工图
- 能够将剪力墙结构平法施工图数字信息与标准配筋构造详图相结合，正确、合理地进行剪力墙结构施工（BIM建模模拟）

思政目标

- 培养专业伦理与职业操守，养成依法、依规的意识和习惯
- 培养追求知识、严谨治学、实践创新的科学态度
- 培养求真务实、锲而不舍、精益求精的工匠精神

导言

目前，框架-剪力墙结构在工程应用广泛，故应该掌握剪力墙结构施工图及其配筋构造。框架部分已在模块二中学习，本模块重点学习剪力墙部分。

首先，来了解一下剪力墙的基本知识。若对剪力墙结构基本理论有较深入的了解，可以直接进入工程实例项目的学习。

一、剪力墙的构成

剪力墙具有较大的侧向刚度，在结构中往往承受大部分的水平作用，是一种有效的抗侧力结构构件。在抗震结构中剪力墙也称抗震墙。

为便于简便、清楚地表达剪力墙，可视其为由剪力墙墙柱、剪力墙墙身和剪力墙墙梁（简称为墙柱、墙身、墙梁）三类构件构成（图3.0.1）。

墙柱是剪力墙端部或转角处的加强部位。墙柱的种类有边缘构件、非边缘暗柱、扶壁柱三种（图3.0.2），而边缘构件最为常见。边缘构件分为约束边缘构件和构造边缘构件两种。

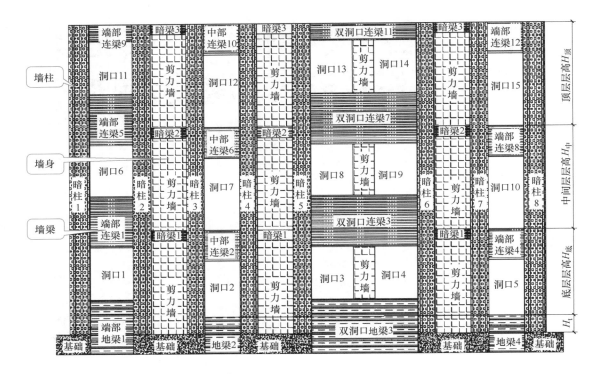

图 3.0.1 剪力墙的构成

约束边缘构件主要有约束边缘暗柱、约束边缘端柱、约束边缘翼墙（柱）、约束边缘转角墙（柱）；构造边缘构件主要有构造边缘暗柱、构造边缘端柱、构造边缘翼墙（柱）、构造边缘转角墙（柱）。约束边缘构件设置范围如图 3.0.2（a）所示，构造边缘构件设置范围如图 3.0.2（b）所示。

墙身是指剪力墙墙柱之间的直段部位。

墙梁是指剪力墙的楼层及门窗洞口上部部位。墙梁的种类有连梁、暗梁、边框梁三种，而连梁最为常见，它是由于剪力墙开洞而形成的梁，也可认为是连接两片剪力墙的梁。

💡 **特别提示**

当钢筋混凝土墙主要用来抵抗侧力（水平作用）时，一般称为剪力墙，当主要用来承受竖向荷载（或平面外作用）时可称为钢筋混凝土墙，如地下室外墙。

从图 3.0.2 中可以看出，约束边缘构件区域较构造边缘构件区域（图中阴影区域）大。约束边缘构件暗柱、端柱、翼墙和转角墙中纵筋与箍筋配置较多，对混凝土的约束较强，因而混凝土有比较大的变形能力；构造边缘构件的纵筋与箍筋配置较少（按构造配置），对混凝土约束程度相对较弱。

二、剪力墙配筋

剪力墙内主要配筋情况见图 3.0.3。

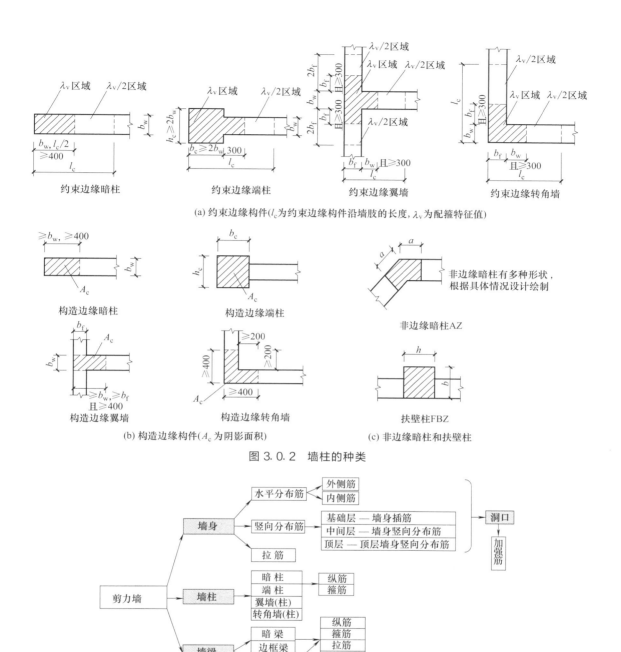

(a) 约束边缘构件(l_c为约束边缘构件沿墙肢的长度，λ_v为配箍特征值)

约束边缘暗柱　　约束边缘端柱　　约束边缘翼墙　　约束边缘转角墙

构造边缘暗柱　　　构造边缘端柱　　　非边缘暗柱AZ

非边缘暗柱有多种形状，根据具体情况设计绘制

构造边缘翼墙　　　构造边缘转角墙　　　扶壁柱FBZ

(b) 构造边缘构件(A_c为阴影面积)　　　(c) 非边缘暗柱和扶壁柱

图 3.0.2　墙柱的种类

图 3.0.3　剪力墙配筋

1. 墙身配筋

剪力墙墙身内有双排配筋形式和多排配筋形式，主要配置有墙身竖向钢筋（简称竖向分布筋、垂直分布筋或竖向钢筋）、水平向钢筋（简称水平分布筋或水平钢筋）及拉筋（图3.0.4）。《混凝土结构设计规范》（2015年版）（GB 50010—2010）规定，剪力墙厚度大于140mm时，其竖向、水平分布筋布置不应少于双排。

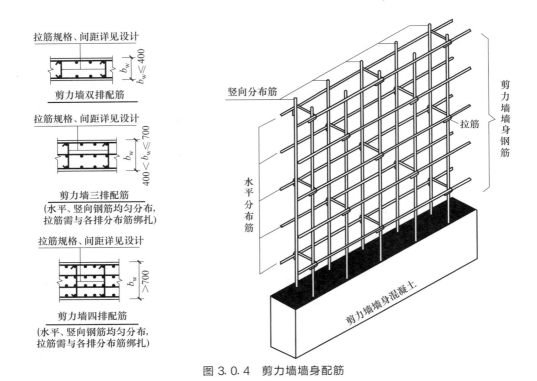

图 3.0.4　剪力墙墙身配筋

2. 墙柱配筋

剪力墙墙柱（边缘构件）中主要配有纵筋和箍筋。约束边缘构件配筋情况见图 3.0.5。一般情况下，构造边缘构件配筋范围较约束边缘构件小，但配筋形式基本相同。

3. 连梁配筋

连梁的特点是跨高比小，连梁比较容易出现剪切斜裂缝，如图 3.0.6（a）所示。一般

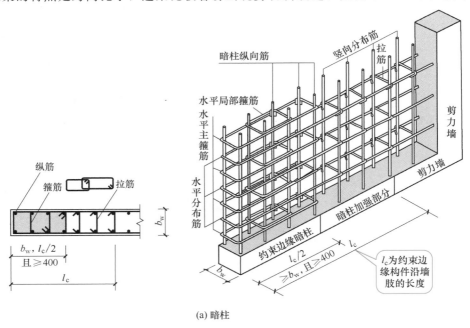

(a) 暗柱

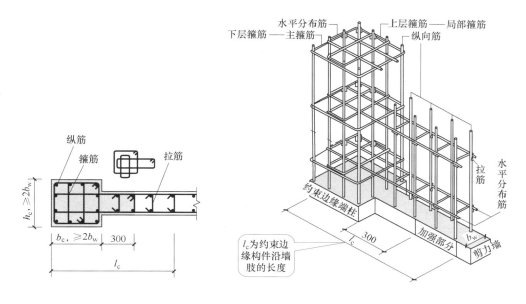

(b) 端柱

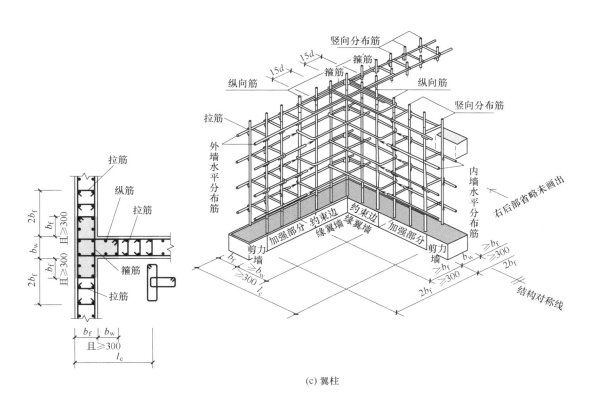

(c) 翼柱

图 3.0.5

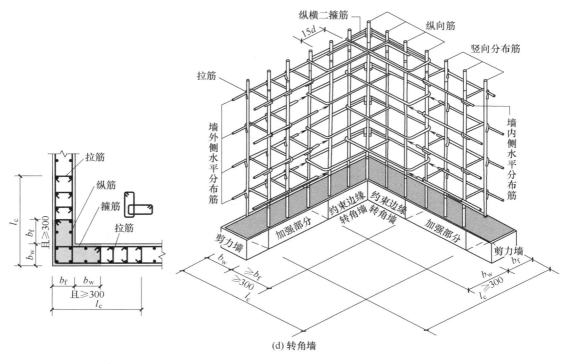

(d) 转角墙

图 3.0.5　剪力墙约束边缘构件

情况下，连梁配筋与一般的梁配筋形式基本相同，但对于一、二级抗震等级的连梁，当跨高比大于 2.5 时，且洞口连梁截面宽度不小于 250mm 时，除配置普通箍筋外宜配置斜向交叉钢筋［图 3.0.6（b）］；当连梁截面宽度不小于 400mm 时，可配置集中对角斜筋［图 3.0.6（c）］或对角暗撑［图 3.0.6（d）］。

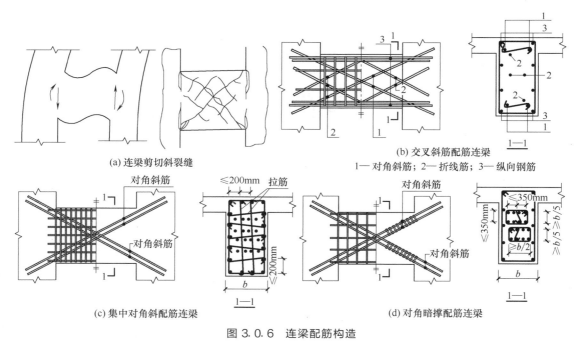

(a) 连梁剪切斜裂缝

(b) 交叉斜筋配筋连梁
1— 对角斜筋；2— 折线筋；3— 纵向钢筋

(c) 集中对角斜配筋连梁

(d) 对角暗撑配筋连梁

图 3.0.6　连梁配筋构造

地下室外墙施工图、施工构造与BIM建模

任务 1　阅读标高-3.300~±0.000剪力墙施工图

特别提示

在阅读剪力墙结构施工图之前，应首先阅读结构设计总说明，以了解结构设计依据、结构形式、结构材料和施工构造要求等内容。请认真阅读"××××经济适用住房"结构设计总说明（结施-1）及基础设计说明（结施-2），了解相关结构与施工信息。

一、任务要求

（1）学习22G101-1图集中关于剪力墙平法施工图制图规则部分的内容，能够初步读懂剪力墙平法施工图；

（2）请认真阅读"××××经济适用住房"-3.300~±0.000剪力墙平面布置图（结施-4）及其墙柱表（结施-5）获取图纸信息，并回答如下问题：

① GJZ-1在-3.300~±0.000之间截面形状为_____，截面宽度为_____，纵筋为_____，箍筋为_____，保护层厚度为_____；YJZ-1在-3.300~±0.000之间截面形状为_____，截面宽度为_____，纵筋为_____，箍筋为_____，保护层厚度为_____。

② YYZ-2在-3.300~±0.000之间截面形状为_____，水平段截面宽度为_____，竖向段截面宽度为_____；核心区（阴影区）纵筋为_____，箍筋为_____，非核心区一侧截面尺寸为_____，纵筋为_____，箍筋为_____，水平段（外墙）保护层厚度为_____，竖向段（内墙）保护层厚度为_____。

YYZ-5在-3.300~±0.000之间截面形状为_____，截面宽度为_____；核心区（阴影区）纵筋为_____，箍筋为_____，非核心区截面尺寸为_____，纵筋为_____，箍筋为_____，保护层厚度为_____。

③ GYZ-1在-3.300~±0.000之间截面尺寸为_____，纵筋为_____，箍筋为_____，保护层厚度为_____。

YAZ-1在-3.300~±0.000之间阴影区（核心区）截面尺寸为_____，非阴影区域（非核心区）截面尺寸为_____，核心区纵筋为_____，箍筋为_____，非核心区截面尺寸为_____，纵筋为_____，箍筋为_____，保护层厚度为_____。

④ Q-3在-3.300~±0.000之间墙厚为_____，水平分布筋为_____，竖向分布筋为_____，拉筋为_____，保护层厚度为_____；Q-6在-3.300~±0.000之间墙厚为_____，水平分布筋为_____，竖向分布筋为_____，拉筋为_____，保护层厚度为_____。

二、资讯

剪力墙结构施工图目前采用平法制图方式，系在剪力墙平面布置图上采用列表注写方式或截面注写方式表示。本书重点介绍列表注写方式，截面注写方式请参阅 22G101-1 图集。

列表注写方式，系分别在墙柱表、墙身表和墙梁表中，对应剪力墙平面布置图上的编号，用绘制截面配筋图并注写几何尺寸与配筋具体数值的方式来表达剪力墙平法施工图。

1. 编号规定

（1）墙柱编号　墙柱编号由墙柱类型代号和序号组成，表达形式应符合表 3.1.1 的规定。

表 3.1.1　墙柱编号

墙柱类别	代号	序号
约束边缘构件	YBZ	××
构造边缘构件	GBZ	××
非边缘构件	AZ	××
扶壁柱	FBZ	××

（2）墙身编号　由墙身代号、序号以及墙身所配置的水平与竖向分布筋的排数组成，其中，排数注写在括号内，表达形式为 Q××（×排）。

> **特别提示**
>
> 1. 在编号中：如若干墙柱的截面尺寸与配筋均相同，仅截面与轴线的关系不同时，可将其编为同一墙柱号；又如若干墙身的厚度尺寸和配筋均相同，仅墙厚与轴线的关系不同或墙身长度不同时，也可将其编为同一墙身号，但应在图中注明与轴线的几何关系。
> 2. 当墙身所设置的水平与竖向分布钢筋的排数为 2 时可不注。

（3）墙梁编号　墙梁编号由墙梁类型代号和序号组成，表达形式应符合表 3.1.2 的规定。

表 3.1.2　墙梁编号

墙梁类别	代号	序号
连梁	LL	××
连梁（对角暗撑配筋）	LL(JC)	××
连梁（交叉斜筋配筋）	LL(JX)	××
连梁（集中对角斜筋配筋）	LL(DX)	××
连梁（跨高比不小于 5）	LLk	××
暗梁	AL	××
边框梁	BKL	××

2. 墙柱表中表达的内容

（1）注写墙柱编号，绘制该墙柱的截面配筋图，标注墙柱的几何尺寸。

① 约束边缘构件需注明阴影部分尺寸。

> **特别提示**
>
> 剪力墙平面布置图中应注明约束边缘构件沿墙肢长度 l_c。

② 构造边缘构件需注明阴影部分尺寸。

③ 扶壁柱及非边缘暗柱需标注几何尺寸。

④ 注写各段墙柱的起止标高，自墙柱根部往上，以变截面位置或截面未变但配筋改变处为界分段注写。墙柱根部标高一般指基础顶面标高，部分框支剪力墙结构则为框支梁顶面标高。

（2）注写各段墙柱的纵向钢筋和箍筋，注写值应与在表中绘制的截面配筋图对应一致。纵向钢筋注写总配筋值，墙柱箍筋的注写方式与柱箍筋相同。

约束边缘构件除注写阴影部位的箍筋外，尚需在剪力墙平面布置图中注写非阴影区内布置的拉筋或箍筋直径（与阴影区相同时可不注）。施工时，箍筋应包住阴影区内第二列竖向纵筋。

3. 在剪力墙身表中表达的内容

（1）注写墙身编号（含水平与竖向分布钢筋的排数）。

（2）注写各段墙身起止标高，自墙身根部往上以变截面位置或截面未变但配筋改变处为界分段注写。墙身根部标高一般指基础顶面标高，部分框支剪力墙结构则为框支梁顶面标高。

（3）注写水平分布筋、竖向分布筋和拉筋的具体数值。注写数值为一排水平分布筋和竖向分布筋的规格与间距，具体设置几排在墙身编号后面表达。

拉筋应注明布置方式"双向"或"梅花双向"，见图 3.1.1。

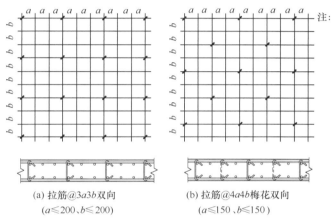

注：1.图中 a 为竖向分布筋间距，b 为水平分布筋间距。
2.拉筋排布：层高范围由底部板顶向上第二排水平分布筋处开始设置，至顶部板底向下第一排水平分布筋处终止；墙身宽度范围由距边缘构件第一排墙身竖向分布筋处开始设置。
3.墙身拉筋应同时勾住竖向分布筋与水平分布筋。当墙身分布筋多于两排时，拉筋应与墙身内部的每排竖向和水平分布筋同时牢固绑扎。

(a) 拉筋@3a3b双向
(a≤200、b≤200)

(b) 拉筋@4a4b梅花双向
(a≤150、b≤150)

图 3.1.1　双向拉筋与梅花双向拉筋示意

4. 墙梁表中表达的内容

（1）注写墙梁编号。

（2）注写墙梁所在楼层号。

（3）注写墙梁顶面标高高差，系指相对于墙梁所在结构层楼面标高的高差值。高者为正值，低者为负值，当无高差时不注。

（4）注写墙梁截面尺寸 $b \times h$，上部纵筋、下部纵筋和箍筋的具体数值。

（5）当连梁设有对角暗撑时［代号为 LL(JC)××］，注写暗撑的截面尺寸（箍筋外皮尺寸）；注写一根暗撑的全部纵筋，若标注"×2"表明有两根暗撑相互交叉；注写暗撑箍筋的具体数值。

（6）当连梁设有交叉斜筋时［代号为 LL(JX)××］，注写连梁一侧对角斜筋的配筋值，若标注"×2"表明对称设置；注写对角斜筋在连梁端部设置的拉筋根数、规格及直径，若标注"×4"表示四个角都设置；注写连梁一侧折线筋配筋值，若标注"×2"表明对称设置。

（7）当连梁设有集中对角斜筋时［代号为 LL(DX)××］，注写一条对角线上的对角斜筋，若标注"×2"表明对称设置。

（8）跨高比不小于 5 的连梁，按框架梁设计时［代号为 LLk××］，采用平面注写方式，注写规则同框架梁。

（9）当墙身水平分布筋满足连梁、暗梁及边框梁的梁侧面纵向构造钢筋的要求时，墙梁侧面纵筋的配置同墙身水平分布筋，表中不注，施工按标准构造详图的要求即可；当不满足时，应在表中补充注明梁侧面纵筋的具体数值（其在支座内的锚固要求同连梁中的受力钢筋）。

图 3.1.2 为采用列表注写方式表达剪力墙墙梁、墙身和墙柱的平法施工图示例。

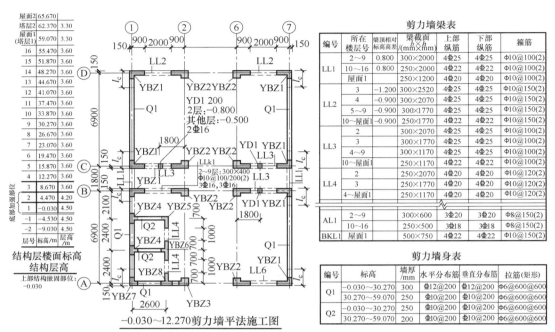

图 3.1.2 剪力墙平法施工图列表注写方式示例

注：1.可在"结构层楼面标高、结构层高表"中增加混凝土强度等级等栏目。
　　2.本示例中 l_c 为约束边缘构件沿墙肢的长度（实际工程中应注明具体值）。

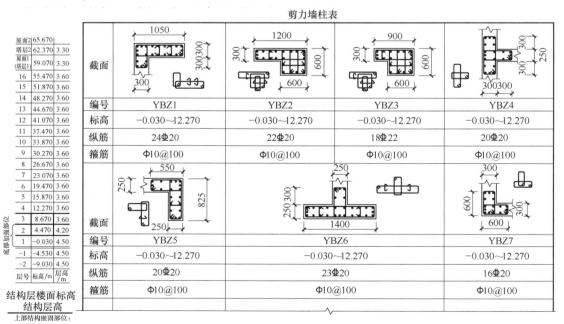

　　1. 在剪力墙平法施工图中，应注明各结构层的楼面标高、结构层高及相应的结构层号。对于轴线未居中的剪力墙（包括端柱），应标注其偏心定位尺寸。

　　2. 在抗震设计中，应注写底部加强区在剪力墙平法施工图中的所在部位及其高度范围，以便使施工人员明确在该范围内应按照加强部位的构造要求进行施工。

　　3. 当剪力墙中有偏心受拉墙肢时，无论采用何种直径的竖向钢筋，均应采用机械连接或焊接接长，设计者应在剪力墙平法施工图中加以注明。

5. 剪力墙洞口的表示方法

　　剪力墙上的洞口可在剪力墙平面布置图上原位表达，详细表达方式请参阅 22G101-1 图集，此处不再介绍。

6. 地下室外墙的表示方法

　　地下室外墙中，墙柱、连梁及洞口等的表示方法与一般剪力墙相同。但墙身编号、注写方式等有所不同，此处不再介绍，请查阅 22G101-1 图集。

三、决策、计划与实施

　　阅读"××××经济适用住房"－3.300～±0.000 剪力墙平面布置图（结施-4）及－3.300～±0.000 剪力墙墙柱表（结施-5）。

　　首先自主学习 22G101-1 图集中关于剪力墙平法施工图制图规则部分的内容，然后阅读"××××经济适用住房"－3.300～±0.000 剪力墙平面布置图及其墙柱表（图纸见结施-4、结施-5），形成剪力墙平法施工图自审笔记并提交。

四、检查与评估

　　分组讨论各自的剪力墙平法施工图自审笔记，统一认识，形成小组施工图自审报告。最后，教师对小组提交的剪力墙平法施工图自审报告进行点评。通过任务训练，培养追求知识、严谨治学、依法依规的科学态度。

任务 2　识读地下室外墙施工构造

一、任务要求

　　（1）学习 22G101-1 图集中地下室外墙墙身钢筋构造及 22G101-3 图集中墙身竖向分布钢筋在基础中的构造、边缘构件纵向钢筋在基础中的构造、剪力墙墙身拉结筋构造，并与 18G901-1 图集中剪力墙竖向分布筋构造详图、剪力墙水平分布筋构造详图及 18G901-3 图集中墙身插筋在基础中的排布构造详图相对照，初步具备依据标准构造详图对地下室外墙进行施工的能力；

　　（2）列举"××××经济适用住房"地下室外墙中涉及的相关施工构造；

　　（3）培养严谨治学、精益求精的工匠精神和依法依规的科学态度。

二、资讯

　　（1）地下室外墙墙身钢筋构造见图 3.1.3。

　　（1）当无设计要求时，地下室外墙墙身的水平分布筋排布在竖向分布筋内侧，地下室以上墙身的水平分布筋排布在竖向分布筋外侧。

　　（2）当地下室外墙竖向分布筋不满足搭接构造要求时，可将竖向分布筋直接伸至地下室顶面，地下室墙段高度范围内不再留设接头。

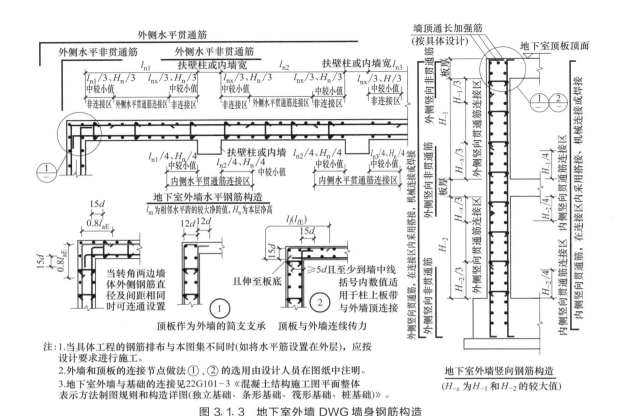

图 3.1.3　地下室外墙 DWG 墙身钢筋构造

注：1.当具体工程的钢筋排布与本图集不同时(如将水平筋设置在外层)，应按设计要求进行施工。

2.外墙和顶板的连接节点做法①、②的选用由设计人员在图纸中注明。

3.地下室外墙与基础的连接见22G101-3《混凝土结构施工图平面整体表示方法制图规则和构造详图(独立基础、条形基础、筏形基础、桩基础)》。

（2）边缘构件纵向钢筋（简称边缘构件纵筋）在基础中的构造要求见图 3.1.4（图中 d

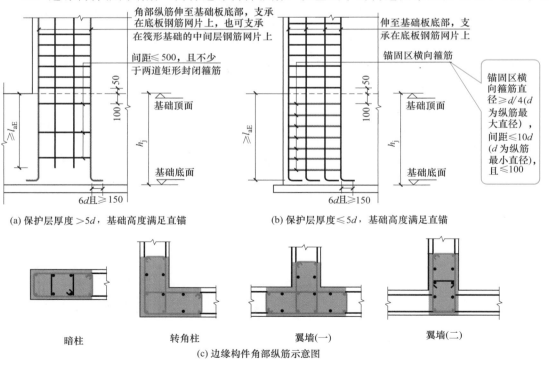

(a) 保护层厚度 >5d，基础高度满足直锚　　　　(b) 保护层厚度 ≤5d，基础高度满足直锚

(c) 边缘构件角部纵筋示意图

图 3.1.4　边缘构件纵向钢筋在基础中的构造

为边缘构件纵筋直径）。墙身竖向分布筋在基础中的构造要求见图 3.1.5（图中 d 为墙身竖向分布筋直径）。

（3）墙身分布筋的拉筋构造采用图 3.1.6（a）的形式。

（4）基础与地下室外墙的施工缝必须设在筏板顶面上翻不小于 300mm（实际工程中常采用 500mm）高处，具体施工做法见图 3.1.7。

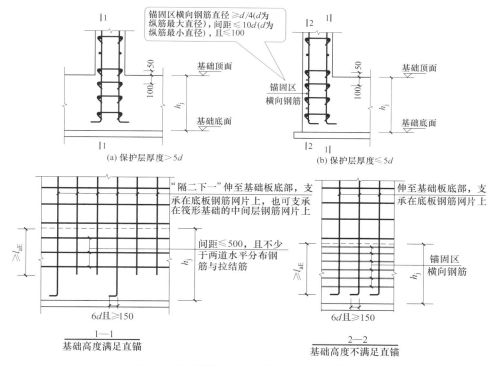

图 3.1.5 墙身竖向分布筋在基础中的构造

用于剪力墙分布钢筋的拉结，宜同时勾住外侧水平及竖向分布钢筋。
当采用构造做法(a)时，拉结筋需交错布置。

图 3.1.6 剪力墙墙身拉结筋构造

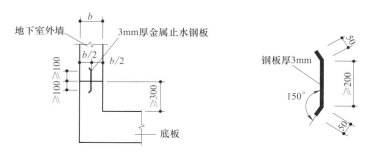

图 3.1.7 地下室外墙施工缝位置及做法

（5）本工程墙肢边缘构件纵筋直径大于或等于 16mm，且小于或等于 20mm，按照结构设计总说明中的要求，边缘构件纵筋连接采用电渣压力焊。

剪力墙边缘构件相邻纵筋接头位置应交错布置，其构造要求应符合图 3.1.8 的要求。

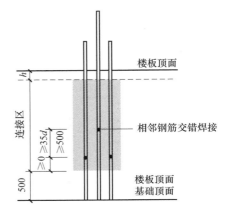

图 3.1.8　边缘构件纵筋连接位置

三、决策、计划与实施

列举"××××经济适用住房 22"地下室外墙中涉及的相关施工构造。

首先自主学习 22G101-1 图集中地下室外墙墙身钢筋构造及 22G101-3 图集中墙身竖向分布筋在基础中的构造、边缘构件纵筋在基础中的构造、剪力墙墙身拉结筋构造，并与 18G901-1 图集中剪力墙竖向分布筋构造详图、水平分布筋构造详图、剪力墙构造边缘构件（转角墙）钢筋排布构造详图及 18G901-3 图集中墙身插筋在基础中的排布构造详图相对照，然后与本工程地下室外墙施工图相结合，列出本工程地下室外墙的施工构造做法清单并提交。

四、检查与评估

分组讨论各自提交的地下室外墙施工构造做法清单，统一认识，形成小组地下室外墙施工构造清单报告。最后，教师对小组提交的地下室外墙施工构造清单报告进行点评。通过任务训练，培养严谨治学、精益求精的工匠精神和依法依规的科学态度。

任务 3　地下室外墙 BIM 建模

一、任务要求

（1）将标高－3.300～±0.000 剪力墙墙柱表中地下室外墙的施工信息与地下室外墙的标准构造详图相结合，利用 BIM 建模软件，完成结施-4、结施-5 "××××经济适用住房" 地下室外墙的 BIM 建模任务；

（2）多维度动态观察所建地下室外墙 BIM 模型，深入理解剪力墙平法施工图中表达的施工信息并掌握地下室外墙的施工构造；

（3）培养严谨治学、精益求精的工匠精神、团队协作的精神和依法依规的科学态度。

二、资讯

以①轴上ⓒ轴～ⓓ轴间的 Q-3 及①轴与ⓒ轴交点处的 GJZ-1 为例。

1. Q-3 建模信息汇总（未注明的尺寸单位为 mm）

（1）Q-3 图纸信息　Q-3 墙身厚度为 300，墙身钢筋有 2 排，水平分布筋及竖向分布筋均为 Φ14@200，墙身拉筋为 Φ6@600。地下室层高 3300，±0.000 处现浇板厚 120，混凝土强度等级均为 C35。

（2）Q-3 施工构造做法

① 排布：墙身水平分布筋位于竖向分布筋内侧。墙身最下部水平分布筋距筏板顶 50；墙身最上部水平分布筋距板顶 50。墙身拉筋采用矩形布置，最下一排拉筋位于墙底第二排墙身水平分布筋位置处；最上一排拉筋位于顶板底第一排墙身水平分布筋处。

② 锚固：筏板厚度 $1500>l_{aE}=37d$，故满足直锚条件。

墙身外侧竖向分布筋伸至筏板底部钢筋之上向内弯锚 $150>6d$；墙身内侧竖向分布筋"隔二下一"，"下一"锚固构造同外侧竖向分布筋，其他在筏板内直锚 $l_{aE}=37d$。墙身内、外侧竖向分布筋在地下室外墙顶部向内弯锚 $12d$。

③ 墙身外侧水平分布筋伸至端部并弯锚 $0.8l_{aE}$，墙身内侧水平分布筋伸至端部并弯锚 $15d$。

④ 锚固区（筏板厚度）筏板基础内侧设横向钢筋（即水平分布筋）4 道（最上一道距筏板顶 100），外侧横向钢筋为 $\phi6@100$。锚固区横向钢筋设 4 道 $\phi6$ 拉筋，水平间距 600。

⑤ 混凝土保护层厚度 30。

2. GJZ-1 建模信息汇总（未注明的尺寸单位为 mm）

(1) GJZ-1 图纸信息　GJZ-1 为构造边缘角柱，沿 Q-3 及 Q-4 方向柱宽均 600，纵筋为 $10\text{⏀}20$，箍筋为 $\phi8@100$，每层有两个封闭箍。

(2) GJZ-1 施工构造做法

① 纵筋：由于一侧混凝土保护层厚度小于 $5d$，为统一起见，GJZ-1 插筋均伸至筏板底部钢筋之上向内弯锚 $150>6d$。低位插筋伸出筏板顶面 500，高位插筋伸出筏板顶面 $500+35d$。

① 轴与©轴交点处，$-3.300\sim\pm0.000$ 区间为 GJZ-1，$\pm0.000\sim4.500$ 区间为 YJZ-5。同一位置不同区段配筋不同（图 3.1.9），故 $-3.300\sim\pm0.000$ 区间 GJZ-1 接长纵筋于地下室顶弯锚 $12d$，见图 3.1.10。如施工条件允许，GJZ-1 纵筋在地下室层段也可以不设置接头。

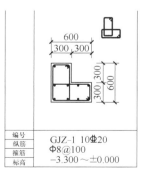

编号	GJZ-1 10⏀20
纵筋	
箍筋	Φ8@100
标高	−3.300～±0.000

(a) −3.300～±0.000区间
GJZ-1配筋(结施-5)

YJZ-5 24⏀16
Φ10@100
±0.000～4.500

(b) ±0.000～4.500区间
YJZ-5配筋(结施-7)

图 3.1.9　①轴与©轴交点处配筋对比

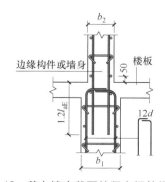

图 3.1.10　剪力墙变截面处竖向钢筋构造详图

② 箍筋：筏板基础中箍筋设置与上部箍筋相同，筏板基础中最上一组箍筋距基础顶100。GJZ-1 底部第一组箍筋位于筏板基础顶上 50。箍筋端部弯折长度为 $10d$，弯曲角度 $135°$，弯弧内半径为 $2d$。

③ 混凝土保护层厚度 40。

三、决策、计划与实施

参照①轴上ⓒ轴～ⓓ轴间的 Q-3 施工构造示例、①轴与ⓒ轴交点处的 GJZ-1 施工构造示例及附录 BIM 建模指导，对本工程的地下室外墙进行 BIM 建模。

示例1： Q-3 施工构造 （①轴上ⓒ轴～ⓓ轴间）

Q-3 施工构造见图 3.1.11。

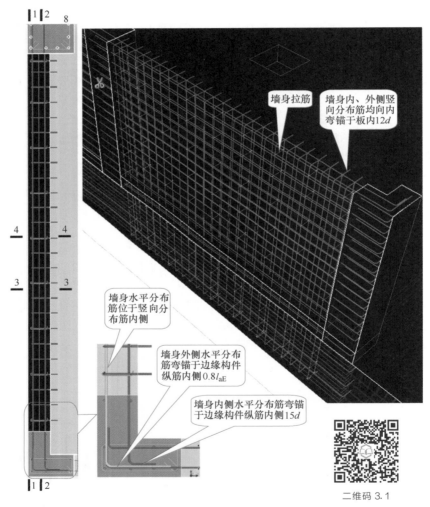

墙身拉筋

墙身内、外侧竖向分布筋均向内弯锚于板内12d

墙身水平分布筋位于竖向分布筋内侧

墙身外侧水平分布筋弯锚于边缘构件纵筋内侧0.8l_{aE}

墙身内侧水平分布筋弯锚于边缘构件纵筋内侧15d

二维码 3.1

Q-3(地下室外墙)配筋3D视图及平面图

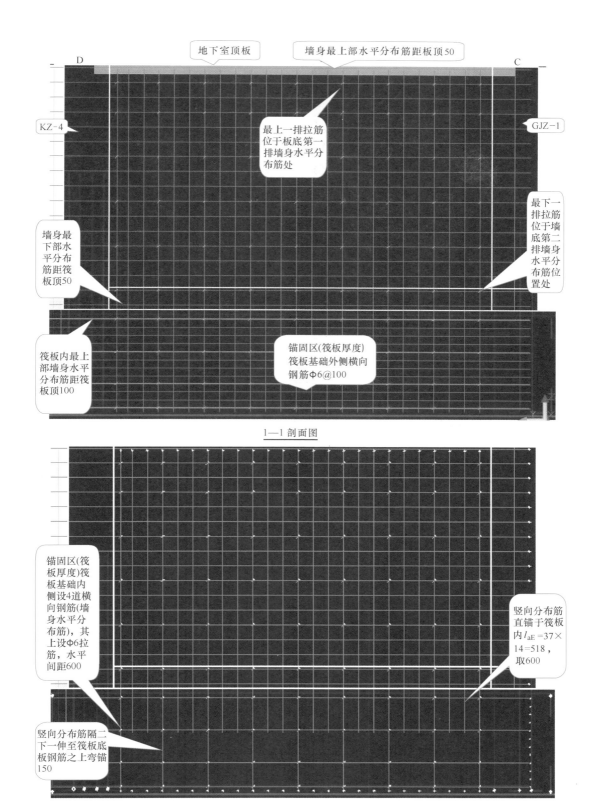

1—1 剖面图

2—2 剖面图

图 3.1.11

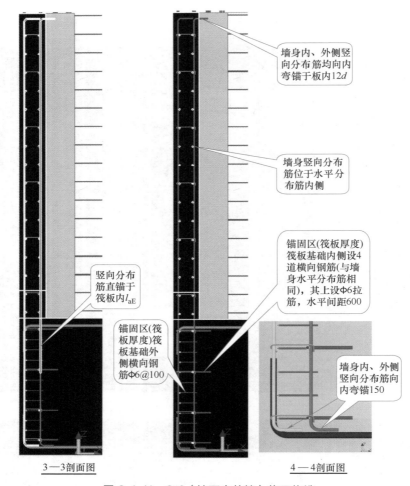

墙身内、外侧竖向分布筋均向内弯锚于板内12d

墙身竖向分布筋位于水平分布筋内侧

锚固区(筏板厚度)筏板基础内侧设4道横向钢筋(与墙身水平分布筋相同),其上设Φ6拉筋,水平间距600

竖向分布筋直锚于筏板内l_{aE}

锚固区(筏板厚度)筏板基础外侧横向钢筋Φ6@100

墙身内、外侧竖向分布筋向内弯锚150

3—3剖面图　　　　　4—4剖面图

图 3.1.11　Q-3（地下室外墙）施工构造

示例 2: GJZ-1 施工构造（①轴与ⓒ轴交点处）

GJZ-1 插筋构造见图 3.1.12，地下室柱段配筋构造见图 3.1.13。

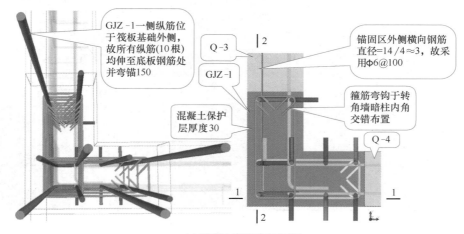

GJZ-1一侧纵筋位于筏板基础外侧,故所有纵筋(10根)均伸至底板钢筋处并弯锚150

Q-3

GJZ-1

混凝土保护层厚度30

锚固区外侧横向钢筋直径=14/4≈3,故采用Φ6@100

箍筋弯钩于转角墙暗柱内角交错布置

Q-4

(a) 插筋3D俯视图及平面图

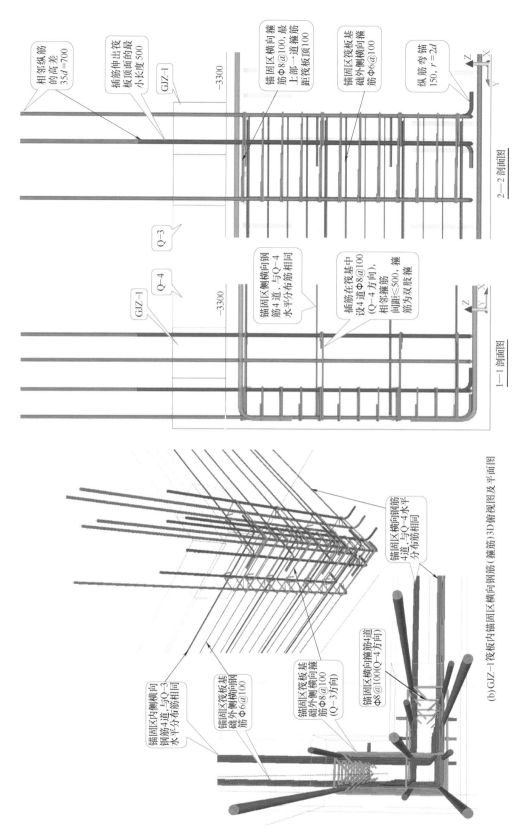

相邻纵筋的高差 35d=700

插筋伸出筏板顶面的最小长度 500

GJZ-1

-3300

锚固区横向箍筋Φ8@100,最上部一道箍筋距筏板顶100

锚固区筏板基础外侧横向箍筋Φ6@100

纵筋弯锚150, r=2d

Z

X

Y

2—2剖面图

Q-3

Q-4

GJZ-1

-3300

锚固区侧横向钢筋4道与Q-4水平分布筋相同

插筋在筏板基中设4道Φ8@100(Q-4方向),箍筋相邻间距≤500,箍筋为双肢箍

Z

X

Y

1—1剖面图

锚固区内侧横向钢筋4道与Q-3水平分布筋相同

锚固区筏板基础外侧横向箍筋Φ6@100

锚固区横向钢筋4道与Q-4分布筋相同

锚固区筏板基础外侧横向箍筋Φ8@100(Q-3方向)

锚固区横向箍筋4道Φ8@100(Q-4方向)

(b)GJZ-1筏板内锚固区横向钢筋(箍筋)3D俯视图及平面图

图3.1.12 GJZ-1插筋构造

项目1 地下室外墙施工图、施工构造与BIM建模 131

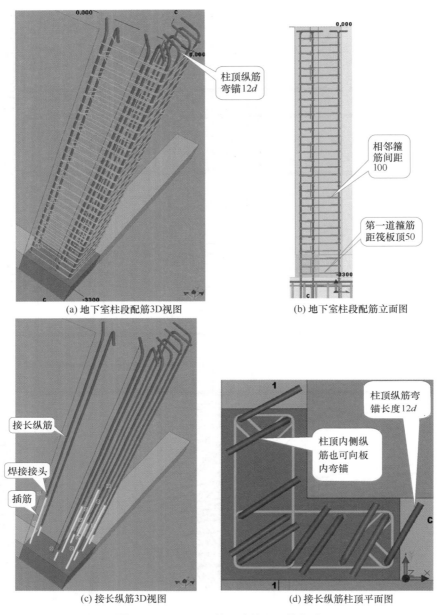

(a) 地下室柱段配筋3D视图

(b) 地下室柱段配筋立面图

(c) 接长纵筋3D视图

(d) 接长纵筋柱顶平面图

图 3.1.13　GJZ-1 地下室柱段配筋构造

四、检查与评估

首先小组成员之间交互检查各自所建地下室外墙的 BIM 模型，查阅构件中钢筋与混凝土属性，量取相关构造尺寸，并与图纸信息和标准构造详图进行比对，检查对图纸信息和标准构造详图的掌握程度。然后小组提交成员中最为满意的地下室外墙的 BIM 模型，教师进行检查与点评，通过查漏补缺，不断提高平法识图能力和对标准构造的灵活应用能力。

通过任务训练，培养严谨治学、精益求精的工匠精神、团队协作的精神和依法依规的科学态度。

项目2
底部加强层剪力墙施工图、
施工构造与BIM建模

任务1　阅读标高±0.000~4.500剪力墙施工图

一、任务要求

（1）进一步学习22G101-1图集中关于剪力墙平法施工图制图规则部分的内容，能够读懂剪力墙平法施工图；

（2）请认真阅读"××××经济适用住房"±0.000~7.500剪力墙平面布置图（结施-6）及其墙柱表（结施-7），获取图纸信息，并回答如下问题：

① YJZ-5 在±0.000~4.500 之间截面形状为＿＿＿＿＿＿，截面宽度为＿＿＿＿＿，纵筋为＿＿＿＿＿，箍筋为＿＿＿＿＿，保护层厚度为＿＿＿＿＿。

YAZ-3 在±0.000~4.500 之间截面尺寸为＿＿＿＿＿＿＿，纵筋为＿＿＿＿＿，箍筋为＿＿＿＿＿＿，保护层厚度为＿＿＿＿＿。

② YJZ-7 在±0.000~4.500 之间截面形状为＿＿＿＿＿＿＿，水平墙段截面宽度为＿＿＿＿＿＿＿，水平墙段截面宽度为＿＿＿＿＿＿＿，纵筋为＿＿＿＿＿＿，箍筋为＿＿＿＿＿＿＿＿＿，保护层厚度为＿＿＿＿＿＿＿。

YAZ-2 在±0.000~4.500 之间截面尺寸为＿＿＿＿＿＿＿＿，纵筋为＿＿＿＿＿，箍筋为＿＿＿＿＿＿＿＿，保护层厚度为＿＿＿＿＿。

③ YYZ-5 在±0.000~4.500 之间截面形状为＿＿＿＿＿，截面宽度为＿＿＿＿＿，核心区（阴影区）纵筋为＿＿＿＿＿，箍筋为＿＿＿＿，非核心区（非阴影区）一侧截面尺寸为＿＿＿＿＿，非核心区纵筋为＿＿＿＿＿，拉筋为＿＿＿＿＿，保护层厚度为＿＿＿＿＿。

YAZ-1 在±0.000~4.500 之间截面尺寸为＿＿＿＿＿＿＿，核心区（阴影区）截面尺寸为＿＿＿＿＿，纵筋为＿＿＿＿＿，箍筋为＿＿＿＿＿，非核心区（非阴影区）截面尺寸为＿＿＿＿＿，非核心区纵筋为＿＿＿＿＿，拉筋为＿＿＿＿＿，保护层厚度为＿＿＿＿＿。

④ Q-3 在±0.000~4.500 之间墙厚为＿＿＿＿＿＿，水平分布筋为＿＿＿＿＿，竖向分布筋为＿＿＿＿＿，拉筋为＿＿＿＿＿，保护层厚度为＿＿＿＿＿；Q-8 在±0.000~4.500 之间墙厚为＿＿＿＿＿，水平分布筋为＿＿＿＿＿，竖向分布筋为＿＿＿＿＿，拉筋为＿＿＿＿＿，保护层厚度为＿＿＿＿＿。

⑤ LL-1 截面尺寸为＿＿＿＿＿＿＿，上部纵筋为＿＿＿＿＿，下部纵筋为＿＿＿＿＿，箍筋为＿＿＿＿＿，箍筋肢数为＿＿肢，保护层厚度为＿＿＿＿＿。

⑥ LL-3 截面尺寸为＿＿＿＿＿＿＿，上部纵筋为＿＿＿＿＿，下部纵筋为＿＿＿＿＿，侧面纵筋为＿＿＿＿＿，箍筋为＿＿＿＿＿，箍筋肢数为＿＿肢，保护层厚度为＿＿＿＿＿。

二、资讯

参见模块三"项目1 地下室外墙施工图、施工构造与BIM建模"之"任务1 阅读标高−3.300～±0.000 剪力墙施工图"。

三、决策、计划与实施

阅读"××××经济适用住房"±0.000～7.500 剪力墙平面布置图及其墙柱表（结施-6、结施-7）。

首先进一步学习 22G101-1 图集中关于剪力墙平法施工图制图规则部分的内容，然后阅读"××××经济适用住房"±0.000～7.500 剪力墙平面布置图及其墙柱表（结施-6、结施-7），形成底部加强部位剪力墙平法施工图自审笔记并提交。

四、检查与评估

分组讨论各自的底部加强部位剪力墙平法施工图自审笔记，统一认识，形成小组施工图自审报告。最后，教师对小组提交的底部加强部位剪力墙平法施工图自审报告进行点评。通过任务训练，培养追求知识、严谨治学、依法依规的科学态度。

任务 2 识读底部加强层剪力墙施工构造

一、任务要求

（1）学习 22G101-1 图集中剪力墙墙身水平分布筋、竖向分布筋、边缘构件钢筋及楼层连梁钢筋的构造，并与 18G901-1 图集中相关内容的标准构造详图相对照，初步具备依据标准构造详图对底部加强部位剪力墙进行施工的能力；

（2）列举"××××经济适用住房"底部加强部位剪力墙中涉及的相关施工构造；

（3）培养严谨治学、精益求精的工匠精神和依法依规的科学态度。

二、资讯

1. 墙身钢筋构造

按照设计总说明中的要求，本工程墙身钢筋直径不大于 14mm，采用搭接连接。

（1）墙身竖向分布筋 对于一、二级抗震剪力墙底部加强部位，竖向分布筋的搭接连接构造应符合图 3.2.1（a）的要求。标高 ±0.000～4.500 剪力墙与地下室外墙的墙身竖向分布筋配筋情况发生变化，故需要插筋连接

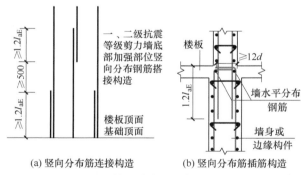

(a) 竖向分布筋连接构造   (b) 竖向分布筋插筋构造

图 3.2.1 剪力墙墙身竖向分布筋构造

（上层墙身竖向分布筋锚固于地下室外墙），其构造要求见图 3.2.1（b）。

💡 **特别提示**

本工程墙肢总高度的 1/10 为 5.67m，底部两层的高度为 7.5m，故底部加强部位的高度为底部两层的高度。由于地下室顶板厚度（$h=120$mm）小于 160mm，故结构嵌固端位于基础筏板，因此底部加强部位的范围向下延伸到基础筏板中。

（2）墙身水平分布筋 墙身水平分布筋的锚固构造见图 3.2.2。

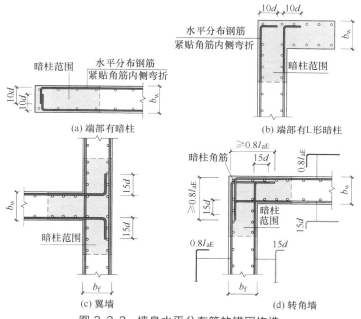

图 3.2.2　墙身水平分布筋的锚固构造

墙身水平分布筋的搭接长度不应小于 $1.2l_{aE}$。同排水平分布筋的搭接接头之间及上、下相邻水平分布筋的搭接接头之间，沿水平方向的净距不宜小于 500mm，见图 3.2.3。

2. 边缘构件钢筋构造

边缘构件纵筋的连接构造见图 3.1.8。标高 ±0.000～4.500 剪力墙与地下室外墙的边缘构件纵筋的配筋情况发生变化，故需要插筋连接（上层边缘构件纵筋锚固于地下室外墙），其构造要求见图 3.2.4。

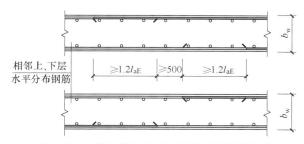

图 3.2.3　剪力墙水平分布钢筋交错搭接构造

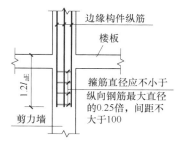

图 3.2.4　边缘构件纵筋在地下室外墙中的锚固构造

边缘构件箍筋的构造与框架柱相同，请参照学习。

3. 楼层连梁钢筋构造

楼层连梁的一般配筋构造应符合图 3.2.5 的要求。

三、决策、计划与实施

列举"××××经济适用住房"底部加强部位剪力墙中涉及的相关施工构造。

首先自主学习 22G101-1 图集中剪力墙墙身水平分布筋、竖向分布筋、边缘构件钢筋及楼层连梁钢筋的配筋构造，并与 18G901-1 图集中相关内容的标准构造详图相对照，然后与本工程底部加强部位剪力墙施工图相结合，列出本工程底部加强部位剪力墙中的施工构造做法清单并提交。

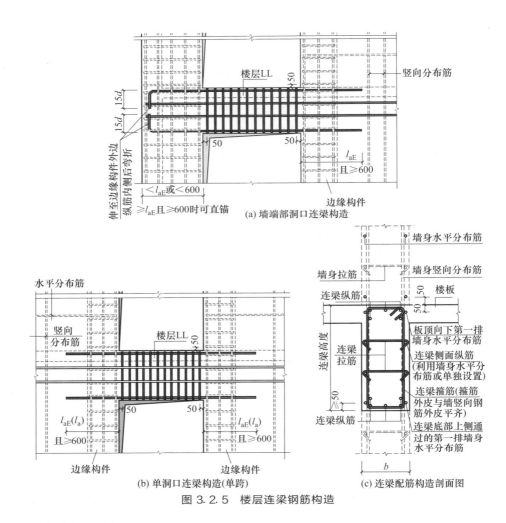

图 3.2.5 楼层连梁钢筋构造

四、检查与评估

分组讨论各自提交的底部加强部位剪力墙施工构造做法清单，统一认识，形成小组底部加强部位剪力墙施工构造清单报告。最终，教师对小组提交的底部加强部位剪力墙施工构造清单报告进行点评。通过任务训练，培养严谨治学、精益求精的工匠精神和依法依规的科学态度。

任务 3　底部加强层剪力墙 BIM 建模

一、任务要求

（1）将底部加强部位剪力墙墙柱表中的施工信息与底部加强部位剪力墙的标准构造详图相结合，利用 BIM 建模软件，完成结施-6、结施-7"××××经济适用住房"底部加强部位中首层（标高±0.000～4.500）剪力墙的 BIM 建模任务；

（2）多维度动态观察所建底部加强部位剪力墙 BIM 模型，深入理解剪力墙平法施工图中表达的施工信息，并掌握底部加强部位剪力墙的施工构造；

（3）培养严谨治学、精益求精的工匠精神、团队协作的精神和依法依规的科学态度。

二、资讯

以首层①轴上的 Q-3 及①轴与Ⓒ轴交点处的 YJZ-5 为例。

1. Q-3 建模信息汇总（未注明的尺寸单位为 mm）

（1）Q-3 图纸信息　Q-3 墙身厚度为 300，墙身钢筋有 2 排，水平分布筋及竖向分布筋均为$\phi10@150$，墙身拉筋为$\phi6@450$。混凝土强度等级均为 C35。

（2）Q-3 施工构造做法　排布：墙身水平分布筋位于竖向分布筋外侧。墙身最下部水平分布筋距地下室顶 50；墙身最上部水平分布筋距板顶 50。墙身拉筋采用矩形布置，最下一排拉筋位于墙底第二排墙身水平分布筋位置处；最上一排拉筋位于顶板底第一排墙身水平分布筋处。

锚固：墙身竖向分布筋（插筋）下部伸至地下室外墙中$1.2l_{aE}$（设两道水平分布筋及拉筋），低位插筋伸出地下室顶$1.2l_{aE}$，高位插筋伸出地下室顶$1.2l_{aE}+500+1.2l_{aE}$。

墙身水平向分布筋两端分别在 YAZ-3 及 YJZ-5 中弯锚$10d$（伸至 YAZ-3 或 YJZ-5 外侧纵筋内侧）。

混凝土保护层厚度 15。

2. YJZ-5 建模信息汇总（未注明的尺寸单位为 mm）

（1）YJZ-5 图纸信息　YJZ-5 为构造边缘角柱，沿 Q-3 方向柱宽 600，沿 LL 方向宽 950，纵筋为$24\phi16$，箍筋为$\phi10@100$，每层有 3 个封闭箍和 1 个单肢箍。

（2）YJZ-5 施工构造做法　纵筋：插筋下部伸至地下室外墙中$1.2l_{aE}$，低位插筋伸出地下室顶 500，高位插筋伸出地下室顶$500+35d$。

箍筋：插筋地下室外墙段设三组箍筋（最上一组距地下室顶 100），柱底第一组箍筋距地下室顶板 50。

混凝土保护层厚度 20。

三、决策、计划与实施

参照首层①轴上ⓒ轴～ⓓ轴间的 Q-3 施工构造示例、①轴与ⓒ轴交点处的 YJZ-5 施工构造示例及附录 BIM 建模指导，对本工程的地下室外墙进行 BIM 建模。

首层剪力墙构件编号见图 3.2.6。

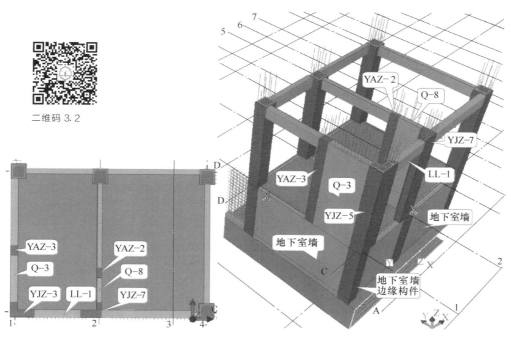

二维码 3.2

图 3.2.6　剪力墙构件编号

示例 1: Q-3 施工构造(①轴上)

Q-3 插筋构造见图 3.2.7。Q-3 层间配筋构造见图 3.2.8。

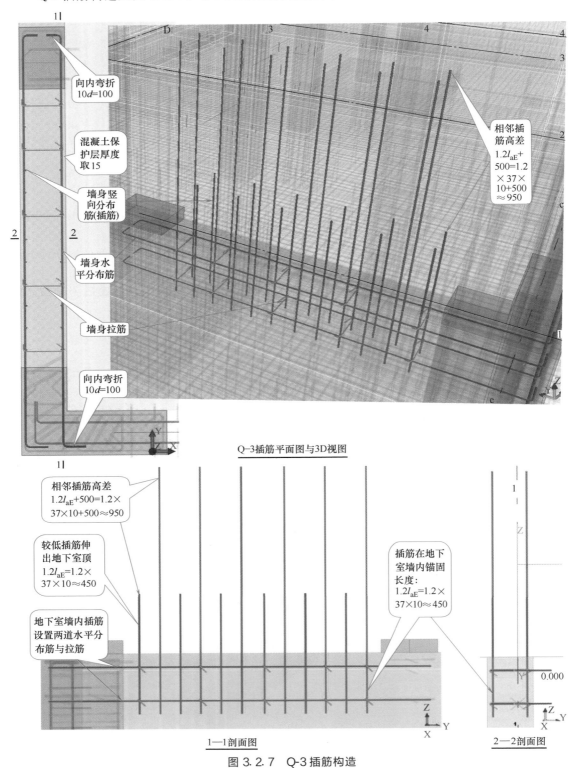

图 3.2.7 Q-3 插筋构造

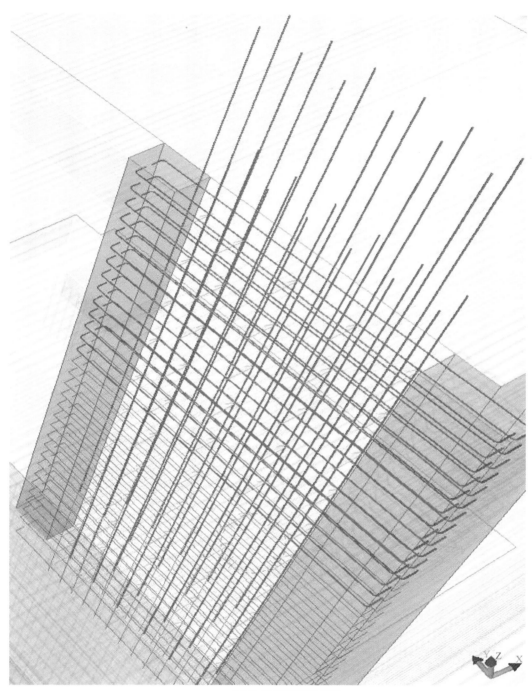

(a) Q-3层间配筋3D视图

图 3.2.8

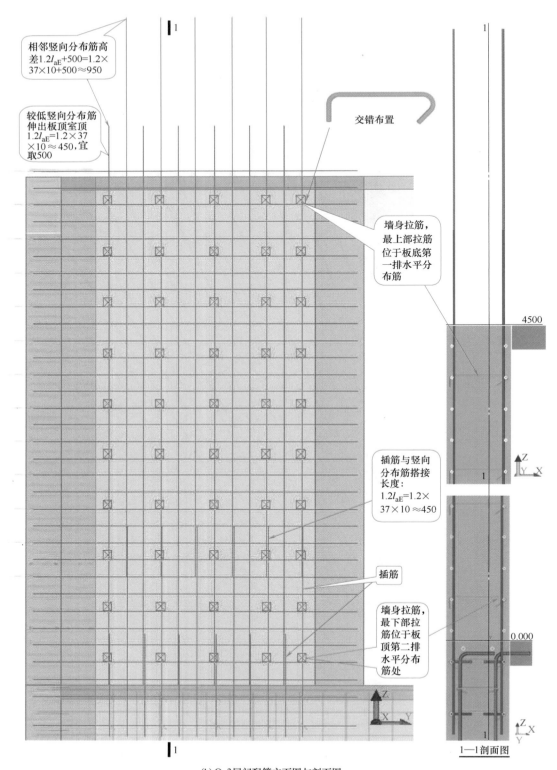

相邻竖向分布筋高差$1.2l_{aE}+500=1.2×37×10+500≈950$

较低竖向分布筋伸出板顶室顶$1.2l_{aE}=1.2×37×10≈450$,宜取500

交错布置

墙身拉筋,最上部拉筋位于板底第一排水平分布筋

4500

插筋与竖向分布筋搭接长度:$1.2l_{aE}=1.2×37×10≈450$

插筋

墙身拉筋,最下部拉筋位于板顶第二排水平分布筋处

0.000

1—1剖面图

(b) Q-3层间配筋立面图与剖面图

图 3.2.8　Q-3 层间配筋构造

⊡→ 示例 2： YJZ-5 施工构造

YJZ-5 插筋构造见图 3.2.9。YJZ-5 层间配筋构造见图 3.2.10。

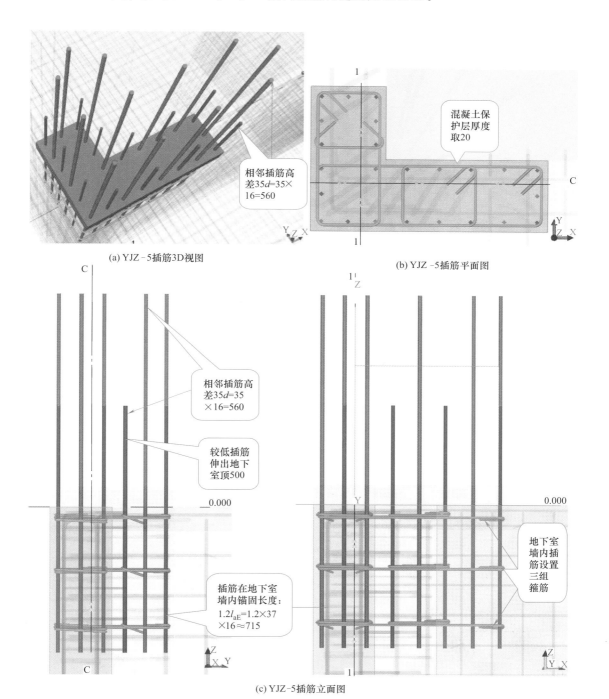

(a) YJZ-5 插筋 3D 视图

(b) YJZ-5 插筋平面图

(c) YJZ-5 插筋立面图

图 3.2.9　YJZ-5 插筋构造

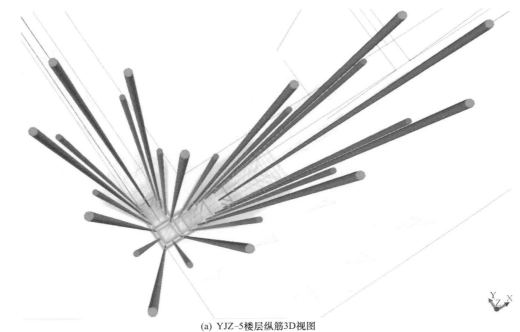

(a) YJZ-5楼层纵筋3D视图

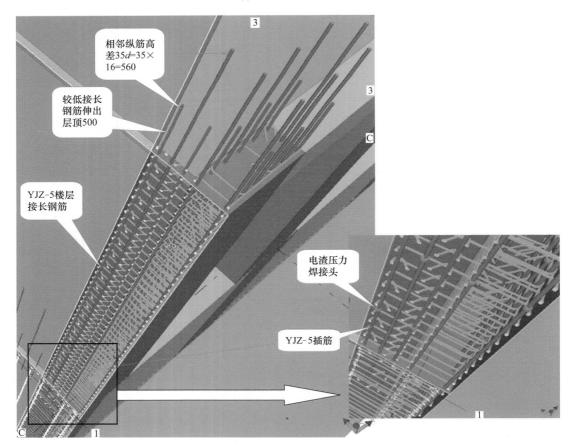

相邻纵筋高差35d=35×16=560

较低接长钢筋伸出层顶500

YJZ-5楼层接长钢筋

电渣压力焊接头

YJZ-5插筋

(b) YJZ-5楼层纵筋构造

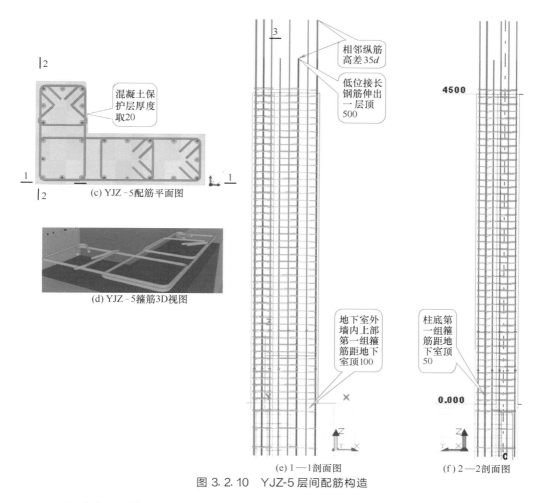

(c) YJZ-5 配筋平面图

(d) YJZ-5 箍筋3D视图

(e) 1—1剖面图　　　　(f) 2—2剖面图

图 3.2.10　YJZ-5 层间配筋构造

四、检查与评估

首先小组成员之间交互检查各自所建底部加强部位剪力墙的 BIM 模型，查阅构件中钢筋与混凝土属性，量取相关构造尺寸，并与图纸信息和标准构造详图进行比对，检查对图纸信息和标准构造详图的掌握程度。然后小组提交最为满意的底部加强部位的 BIM 模型，教师进行检查与点评，通过查漏补缺，不断提高平法识图能力和对标准构造的灵活应用能力。

通过任务训练，培养严谨治学、精益求精的工匠精神、团队协作的精神和依法依规的科学态度。

顶层剪力墙施工图、施工构造与BIM建模

任务 1　阅读标高 52.500～56.700 剪力墙施工图

一、任务要求

（1）深入学习 22G101-1 图集中关于剪力墙平法施工图制图规则部分的内容，能够熟练阅读剪力墙平法施工图；

（2）请认真阅读结施-16 "××××经济适用住房" 52.500～56.700 剪力墙平面布置图及其墙柱表，获取图纸信息并回答如下问题。

① GYZ-1 在平面布置上有＿＿＿＿＿个，分别位于＿＿＿＿＿＿＿＿＿＿＿＿＿＿＿＿轴交点处，与ⓒ轴的位置关系为＿＿＿＿＿＿＿＿＿＿＿＿＿＿；GAZ-3 在平面布置上有＿＿＿＿个，分别位于＿＿＿＿＿＿＿＿＿轴上，与轴线的位置关系为＿＿＿＿＿＿＿＿；Q-3 在平面布置上有＿＿＿＿个，分别位于＿＿＿＿＿＿＿＿轴上，与轴线的位置关系为＿＿＿＿＿＿＿＿。

② GYZ-1 在 52.500～56.700 之间截面形状为＿＿＿＿＿＿＿＿＿＿＿，水平段截面宽度为＿＿＿＿＿＿，长度为＿＿＿＿＿＿＿；垂直段截面宽度为＿＿＿＿＿＿＿，长度为＿＿；纵筋为＿＿＿＿＿＿，箍筋为＿＿＿＿＿＿＿，箍筋包含＿＿＿＿＿＿双肢箍，混凝土保护层厚度为＿＿＿＿＿＿＿。

③ GAZ-3 在 52.500～56.700 之间截面尺寸为＿＿＿＿＿＿＿＿，纵筋为＿＿＿＿＿，箍筋为＿＿＿＿＿＿＿＿＿＿，混凝土保护层厚度为＿＿＿＿＿＿。

④ Q-3 在 52.500～56.700 之间截面宽度为＿＿＿＿＿＿，墙身水平分布筋为＿＿＿＿＿＿；竖向分布筋为＿＿＿＿＿＿＿，拉筋为＿＿＿＿＿＿＿；墙身混凝土保护层厚度为＿＿＿＿＿＿＿。

⑤ GJZ-3 在 52.500～56.700 之间截面形状为＿＿＿＿＿＿＿＿＿，水平段截面宽度为＿＿＿＿，长度为＿＿＿＿＿＿；垂直段截面宽度为＿＿＿＿＿＿＿，长度为＿＿＿＿＿＿；纵筋为＿＿＿＿＿＿，箍筋为＿＿＿＿＿＿＿，箍筋包含＿＿＿＿＿＿双肢箍，＿＿＿＿＿＿单肢箍；混凝土保护层厚度为＿＿＿＿＿。

⑥ LL-2 梁顶标高为＿＿＿＿＿＿＿，截面尺寸为＿＿＿＿＿＿＿＿＿，上部纵筋为＿＿＿＿＿＿，下部纵筋为＿＿＿＿＿＿＿，侧层面构造纵筋为＿＿＿＿＿＿＿＿，拉筋为＿＿＿＿＿；混凝土保护层厚度为＿＿＿＿＿＿。

二、资讯

参见模块三 "项目 1　地下室外墙施工图、施工构造与 BIM 建模" 之 "任务 1　阅读标高－3.300～±0.000 剪力墙施工图"。

三、决策、计划与实施

阅读结施-16 "××××经济适用住房" 52.500～56.700 剪力墙平面布置图及其墙

柱表。

首先深入学习 22G101-1 图集中关于剪力墙平法施工图制图规则部分的内容，然后阅读结施-16 "××××经济适用住房" 52.500～56.700 剪力墙平面布置图及其墙柱表，形成剪力墙平法施工图自审笔记并提交。

四、检查与评估

分组讨论各自的顶层剪力墙平法施工图自审笔记，统一认识，形成小组施工图自审报告。最后，教师对小组提交的顶层剪力墙平法施工图自审报告进行点评。通过任务训练，培养追求知识、严谨治学、依法依规的科学态度。

任务 2　识读顶层剪力墙施工构造

一、任务要求

（1）学习 22G101-1 图集中剪力墙墙身水平分布筋、竖向分布筋、边缘构件钢筋及楼层连梁钢筋的配筋构造，并与 18G901-1 图集中相关内容的标准构造与详图相对照，初步具备依据标准构造详图对顶层剪力墙进行施工的能力；

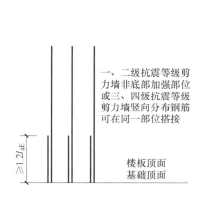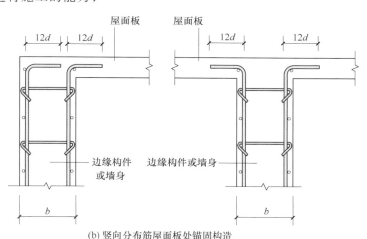

(a) 非底部加强部位竖向分布筋连接构造　　(b) 竖向分布筋屋面板处锚固构造

图 3.3.1　顶层竖向分布筋配筋构造

注：剪力墙层高范围最下一排水平分布筋距底部板顶 50mm。当层顶位置设有宽度大于剪力墙厚度的边框梁时，最上一排水平分布筋距顶部边框梁底 100mm。

（2）列举 "××××经济适用住房" 顶层剪力墙中涉及的相关施工构造；

（3）培养严谨治学、精益求精的工匠精神和依法依规的科学态度。

二、资讯

1. 剪力墙墙身钢筋构造

按照设计总说明中的要求，本工程墙身钢筋直径不大于 14mm，采用搭接连接。

（1）墙身竖向分布筋　对于一、二级抗震剪力墙非底部加强部位，竖向分布筋的搭接连接构造应符合图 3.3.1（a）的要求；竖向分布筋在顶层顶部的锚固构造应符合图 3.3.1（b）的要求。

（2）墙身水平分布筋　水平分布筋的锚固构造与底部加强部位相同，请参照学习。

2. 边缘构件钢筋构造

顶层边缘构件的纵筋接头位置与底部加强部位相同，顶部锚固构造见图 3.3.1（b）。边缘构件箍筋的构造与底部加强部位相同。

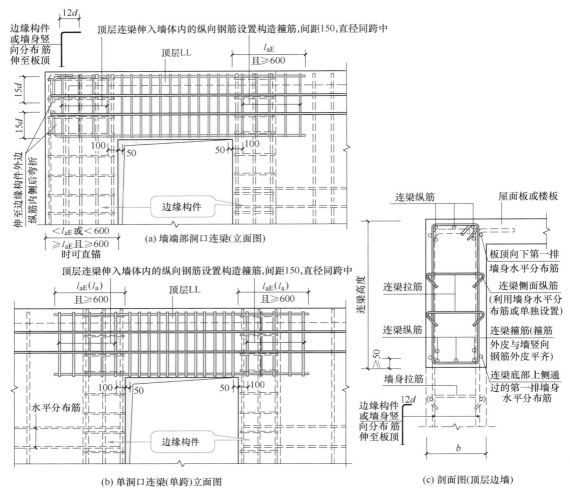

图 3.3.2　顶层剪力墙连梁钢筋排布构造详图

　　注：1. 连梁箍筋外皮与剪力墙竖向分布筋外皮平齐，连梁上、下部纵筋在连梁箍筋内侧设置，连梁侧面纵筋在连梁箍筋外侧紧靠箍筋外皮通过。

　　2. 当设计为单独设置连梁侧面纵筋时，墙身水平分布筋作为连梁侧面纵筋在连梁范围内拉通连续配置。当单独设置连梁侧面纵筋时，侧面纵筋伸入洞口以外支座范围的锚固长度为 l_{aE} 且≥600mm，端部洞口单独设置的连梁侧面纵筋在剪力墙端部边缘构件内的锚固要求与剪力墙水平分布筋相同。

　　3. 为便于施工中钢筋安装绑扎，若进入连梁底部以上第一排墙身水平分布筋与梁底间距小于50mm，可仅将此根钢筋向上调整使其与梁底间距为50mm；若进入跨层连梁顶部以下第一排墙身水平分布筋与梁顶间距小于50mm，可仅将此根钢筋向下调整使其与梁间间距为50mm；其他墙身水平分布筋原位不变。

　　4. 施工时可将封闭箍筋弯钩位置设置于连梁顶部，相邻两组箍筋弯钩位置沿连梁纵向交错对称排布。

　　5. 拉筋水平间距为2倍箍筋间距，拉筋沿连梁侧面间距不大于侧面纵筋间距的2倍，相邻上下两排拉筋沿连梁纵向错开设置。

　　6. 顶层端部洞口连梁的下部纵筋，当伸入端支座的直锚长度≥l_{aE} 时，可不必向上弯锚，但应伸至边缘构件外边竖向钢筋内侧位置。

3. 顶层连梁钢筋构造

顶层连梁的配筋构造应符合图 3.3.2 的要求。

三、决策、计划与实施

列举"××××经济适用住房"顶层剪力墙中涉及的相关施工构造。

首先深入学习 22G101-1 图集中剪力墙墙身水平分布筋、竖向分布筋、边缘构件钢筋及顶层连梁钢筋的配筋构造，并与18G901-1图集中相关内容的标准构造详图相对照，然后与本工程顶层剪力墙施工图相结合，列出本工程顶层剪力墙中的施工构造做法清单并提交。

四、检查与评估

分组讨论各自提交的顶层剪力墙施工构造做法清单，统一认识，形成小组顶层剪力墙施工构造清单报告。最后，教师对小组提交的顶层剪力墙施工构造清单报告进行点评。通过任务训练，培养严谨治学、精益求精的工匠精神和依法依规的科学态度。

任务 3　顶层剪力墙 BIM 建模

一、任务要求

（1）将顶层剪力墙墙柱表中的施工信息与顶层剪力墙的标准构造详图相结合，利用BIM建模软件，完成结施-16"××××经济适用住房"顶层（标高52.500～59.700）剪力墙的 BIM 建模任务；

（2）多维度动态观察所建顶层剪力墙 BIM 模型，深入理解剪力墙平法施工图中表达的施工信息并掌握顶层剪力墙的施工构造；

（3）培养严谨治学、精益求精的工匠精神、团队协作的精神和依法依规的科学态度。

二、资讯

以ⓒ轴与⑥轴交点处的 GYZ-1 及与之相连的 Q-3、⑤轴上的 LL-2 为例。

1. GYZ-1 建模信息汇总（未注明的尺寸单位为 mm）

（1）GJZ-1 图纸信息　GYZ-1 为构造边缘翼柱，沿 Q-3 方向柱宽 600，另一方向柱宽 1200，纵筋为 $22\Phi16$，箍筋为 $\Phi8@100$，每层有 4 个封闭箍。混凝土强度为 C30。

（2）GJZ-1 施工构造做法

① 纵筋：下层纵筋伸出本层的低位纵筋高度为 500，高位纵筋为 $500+35d$，本层纵筋与之接长至柱顶后弯锚 $12d$。

② 箍筋：柱底第一道箍筋距下层顶 50，顶层箍筋位于柱顶以下 100 的位置。

混凝土保护层厚度为 20。

2. Q-3 建模信息汇总（未注明的尺寸单位为 mm）

（1）Q-3 图纸信息　Q-3 墙身厚度为 200，墙身钢筋有 2 排，水平分布筋及竖向分布筋均为 $\Phi10@200$，墙身拉筋为 $\Phi6@450$。混凝土强度等级均为 C30。

（2）Q-3 施工构造做法

① 排布：墙身水平分布筋位于竖向分布筋外侧。墙身最下部水平分布筋距下层顶 50；墙身最上部水平分布筋距板顶 50。墙身拉筋采用矩形布置，最下一排拉筋位于墙底第二排墙身水平分布筋位置处；最上一排拉筋位于顶板底第一排墙身水平分布筋处。

② 锚固：下层竖向分布筋伸出本层的高度均为 $1.2l_{aE}$，本层竖向分布筋与之搭接接长至层顶后弯锚 $12d$。

墙身水平向分布筋两端分别在 GYZ-1 中弯锚 $15d$，在 GAZ-3 中弯锚 $10d$（伸至 GYZ-1 或 GAZ-3 外侧纵筋内侧）。

混凝土保护层厚度为 15。

3. LL-2 建模信息汇总（未注明的尺寸单位为 mm）

（1）LL-2 图纸信息　LL-2 的截面尺寸为 200×2100，上部、下部纵筋均为 $2\Phi16$，侧面纵筋与墙身水平分布筋相同，箍筋为 $\Phi10@75$（2）。混凝土强度为 C30。

（2）LL-2 施工构造做法

① 纵筋：上（下）部纵筋在 GJZ-7 中向下（上）弯锚 $15d$（不满足直锚条件），另一端纵筋伸入 Q-2 中 $l_{aE}=40d=640>600$。侧面纵筋构造与墙身水平分布筋相同。

② 箍筋：沿纵筋长度满布，跨内第一道箍筋距 GJZ-7 或 Q-2 端部 50，与之相邻的 GJZ-7 或 Q-2 内第一道箍筋距跨内第一道箍筋 150，并间隔 150 连续布置到纵筋端部。

混凝土保护层厚度为 20。

三、决策、计划与实施

参照ⓒ轴与⑥轴交点处的 GYZ-1 及与之相连的 Q-3 施工构造示例、⑤轴上的 LL-2 施工构造示例及附录 BIM 建模指导，对本工程的顶层剪力墙进行 BIM 建模。

顶层剪力墙构件编号见图 3.3.3。

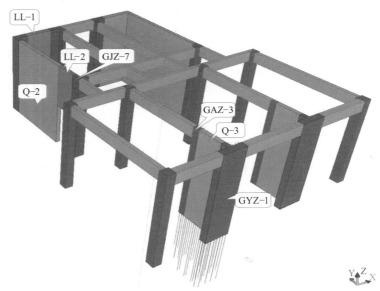

图 3.3.3　顶层剪力墙构件编号

示例 1： GYZ-1 施工构造

GYZ-1 施工构造见图 3.3.4。

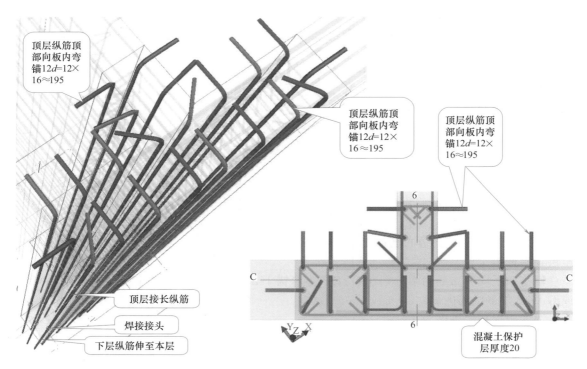

（a）GYZ-1 纵筋构造 3D 视图及平面图

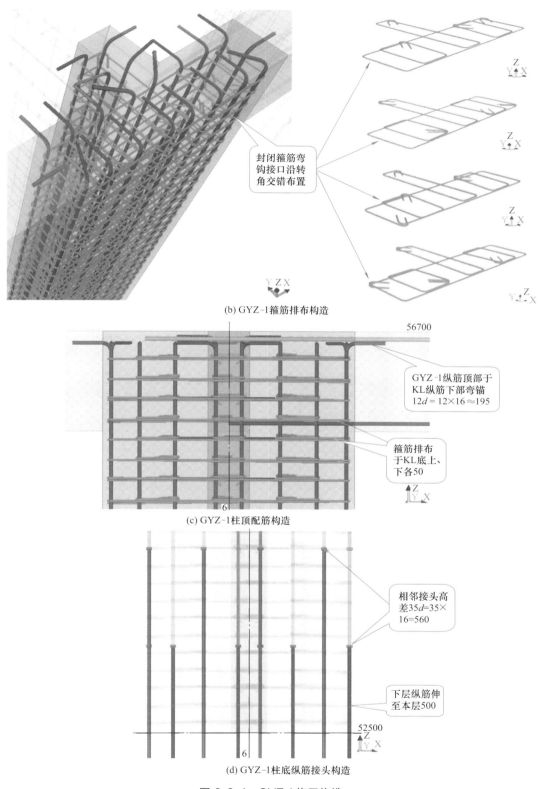

封闭箍筋弯钩接口沿转角交错布置

(b) GYZ-1箍筋排布构造

56700

GYZ-1纵筋顶部于 KL纵筋下部弯锚 $12d = 12 \times 16 \approx 195$

箍筋排布 于KL底上、 下各50

(c) GYZ-1柱顶配筋构造

相邻接头高 差$35d=35 \times 16=560$

下层纵筋伸 至本层500

52500

(d) GYZ-1柱底纵筋接头构造

图 3.3.4 GYZ-1 施工构造

示例 2： Q-3 施工构造

Q-3 施工构造见图 3.3.5。

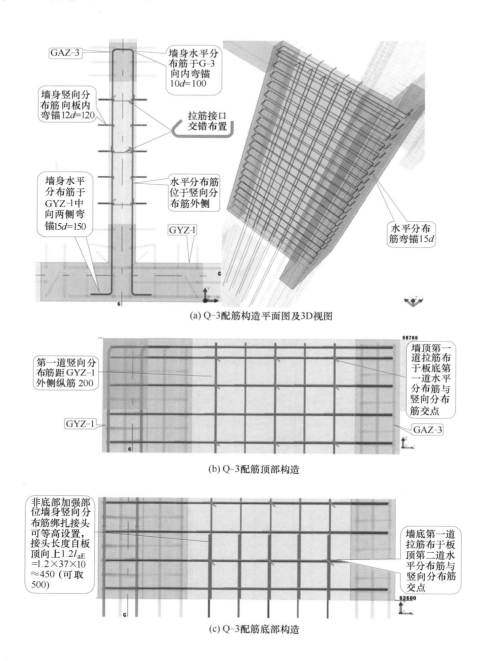

(a) Q-3配筋构造平面图及3D视图

(b) Q-3配筋顶部构造

(c) Q-3配筋底部构造

图 3.3.5　Q-3 施工构造

示例 3： LL-2 施工构造

LL-2 施工构造见图 3.3.6。

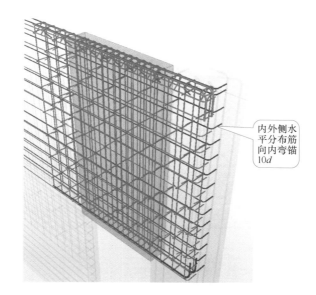

二维码 3.3

内外侧水平分布筋向内弯锚10d

(a) LL-2配筋3D视图

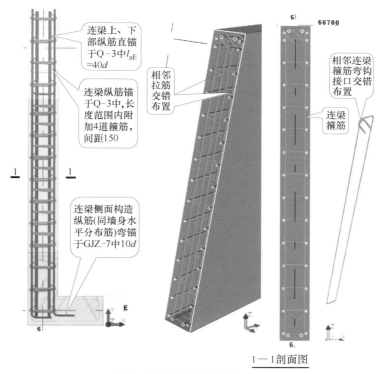

连梁上、下部纵筋直锚于Q-3中l_{aE}=40d

连梁纵筋锚于Q-3中,长度范围内附加4道箍筋,间距150

相邻拉筋交错布置

连梁侧面构造纵筋(同墙身水平分布筋)弯锚于GJZ-7中10d

相邻连梁箍筋弯钩接口交错布置

连梁箍筋

1—1剖面图

(b) LL-2配筋平面图与剖面图

图 3.3.6

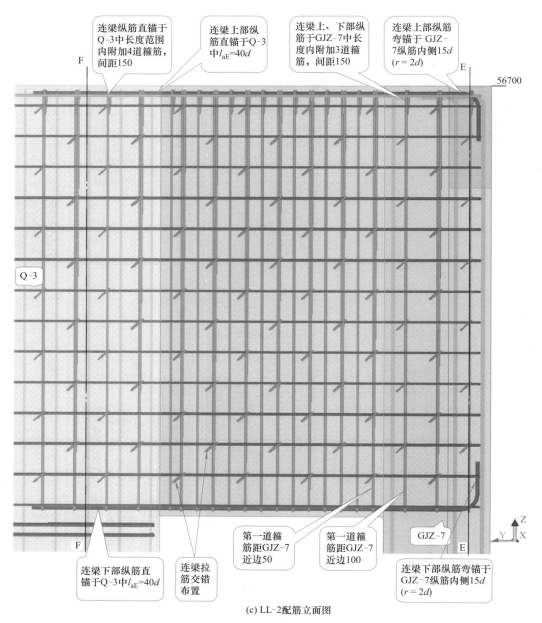

连梁纵筋直锚于 Q-3 中长度范围内附加4道箍筋，间距150

连梁上部纵筋直锚于Q-3中$l_{aE}=40d$

连梁上、下部纵筋于GJZ-7中长度内附加3道箍筋，间距150

连梁上部纵筋弯锚于GJZ-7纵筋内侧15d $(r = 2d)$

56700

F

Q-3

F

连梁下部纵筋直锚于Q-3中$l_{aE}=40d$

连梁拉筋交错布置

第一道箍筋距GJZ-7近边50

第一道箍筋距GJZ-7近边100

GJZ-7

连梁下部纵筋弯锚于GJZ-7纵筋内侧15d $(r = 2d)$

E

E

Z Y X

(c) LL-2配筋立面图

图 3.3.6　LL-2 施工构造

四、检查与评估

首先小组成员之间交互检查各自所建顶层剪力墙的 BIM 模型，查阅构件中钢筋与混凝土属性，量取相关构造尺寸，并与图纸信息和标准构造详图进行比对，检查对图纸信息和标准构造详图的掌握程度。然后小组提交最为满意的顶层剪力墙的 BIM 模型，教师进行检查与点评，通过查漏补缺，不断提高平法识图能力和对标准构造的灵活应用能力。

通过任务训练，培养严谨治学、精益求精的工匠精神、团队协作的精神和依法依规的科学态度。

　　本模块主要学习剪力墙平法施工图识读及相关施工构造。剪力墙的组成构件及配筋情况如下：

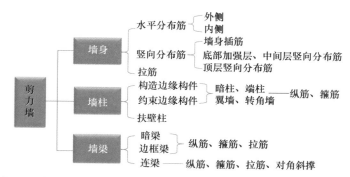

　　剪力墙平法施工图有两种表达方式——列表注写方式与截面注写方式。列表注写方式，系分别在墙柱表、墙身表和墙梁表中，对应剪力墙平面布置图上的编号，用绘制截面配筋图并注写几何尺寸与配筋具体数值的方式，来表达剪力墙平法施工图。

　　剪力墙施工构造主要有：

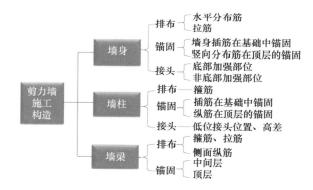

　　施工时应特别关注底部加强部位的配筋构造。

　　剪力墙 BIM 建模是将剪力墙平法施工图中的施工信息与标准构造详图相结合，依托真实工程，利用 BIM 建模软件模拟剪力墙施工，以达到强化施工图阅读能力、灵活应用标准构造进行施工的学习目的。

自测与训练

　　请登录"浙江省高等学校在线开放课程共享平台"（网址：www.zjooc.cn），搜索并加入课程学习，在线完成自测与训练任务。

模块四 | 钢筋翻样技术

学习目标

知识目标

- 了解：钢筋翻样的概念
- 熟悉：钢筋翻样的内容和程序；不同结构构件钢筋翻样的特点
- 理解：弯曲量度差的概念；不同图样的钢筋下料长度计算公式

能力目标

- 能够进行手工钢筋翻样
- 能够利用钢筋翻样软件进行钢筋翻样

思政目标

- 培养专业伦理与职业操守，养成依法、依规的意识和习惯
- 培养追求知识、严谨治学、实践创新的科学态度
- 培养求真务实、锲而不舍、精益求精的工匠精神

导言

读懂了钢筋混凝土结构施工图，但如何将这一设计好的"蓝图"建造成可供人们使用的实体建筑物呢？这就涉及钢筋混凝土结构的施工技术问题。从施工技术的角度来讲，现浇钢筋混凝土结构工程主要由钢筋、模板、混凝土等分项工程组成，其中钢筋工程是混凝土结构施工的重要分项工程，是钢筋混凝土结构施工的关键工序。钢筋工程施工技术主要包含钢筋翻样、下料、加工与绑扎等内容，其中钢筋翻样是先导性工作。钢筋翻样是根据结构施工图、施工构造、施工工艺等技术要求，计算确定钢筋的形状、长度、数量、重量，并出具钢筋翻样单。钢筋工只有严格按照钢筋翻样单进行下料、加工制作与现场绑扎，才能保证钢筋工程的施工质量。

钢筋翻样是一项技术含量很高的工作，需要熟练、正确地读懂结构施工图，并具备扎实的配筋构造知识，当然还需要熟悉钢筋翻样的基本原理。

一、弯曲量度差

钢筋弯曲变形以后，钢筋的外皮受拉增长，内皮受压缩短，而钢筋轴线长度基本不变。因此，钢筋的轴线（中心线）长度就是钢筋的下料长度，即钢筋切断时的直线长度。

结构施工图中所指的钢筋长度通常是钢筋外皮之间的直线长度，即外包尺寸，如图 4.0.1 所示，外包尺寸 $=L_1+L_2$，而钢筋下料长度 $=Z+$ 弧长 $bc+W$。

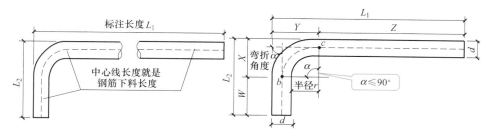

图 4.0.1 钢筋外包尺寸与下料长度

根据图 4.0.2 计算：

$$X=Y=(r+d)\tan(\alpha/2) \tag{4.0.1}$$

下料长度 $=$ 轴线长度 $=Z+$ 弧长 $\overset{\frown}{bc}+W=L_1-Y+2\times(r+d/2)\pi\alpha/360+L_2-X$

$$=(L_1+L_2)-[2\times(r+d)\times\tan(\alpha/2)-(r+d/2)\pi\alpha/180]$$

$$=\text{外包尺寸}-\text{弯曲量度差} \tag{4.0.2}$$

由式（4.0.2）可知，一个弯曲钢筋的弯曲量度差为 $[2\times(r+d)\times\tan(\alpha/2)-(r+d/2)\pi\alpha/180]$。

从式中可以看出，钢筋弯曲量度差与弯弧内半径 r、弯曲角度 α 以及钢筋直径 d 有关。常见钢筋弯弧内半径 r 的规定见表 4.0.1（参见 22G101-1 图集第 58 页）。

经过推导（读者可自行验证），不同弯弧内半径和弯曲角度的弯曲量度差取值见表 4.0.2，钢筋下料计算时可根据需要进行选用。

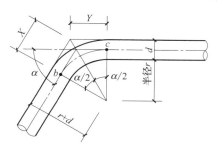

图 4.0.2 钢筋弯曲量度差计算示意图

表 4.0.1 弯弧内半径 r 取值表

序　号	钢筋规格的用途	钢筋弯弧内半径 r
1	箍筋、拉筋	2 倍箍筋直径且 $>\frac{1}{2}$ 主筋直径
2	HPB300 主筋	≥1.25 倍钢筋直径
3	335MPa、400MPa 级带肋钢筋	≥2 倍钢筋直径
4	500MPa 级带肋钢筋，钢筋直径 $d\leqslant25$mm	≥3 倍钢筋直径
5	500MPa 级带肋钢筋，钢筋直径 $d>25$mm	≥3.5 倍钢筋直径
6	框架结构顶层端节点处的梁上部纵向钢筋和柱外侧纵向钢筋，在节点角部弯折处，钢筋直径 $d\leqslant25$mm	≥6 倍钢筋直径
7	框架结构顶层端节点处的梁上部纵向钢筋和柱外侧纵向钢筋，在节点角部弯折处，钢筋直径 $d>25$mm	≥8 倍钢筋直径

表 4.0.2 弯曲量度差

弯曲角度 \\ 弯弧内半径	$r=1.25d$	$r=2d$	$r=3d$	$r=3.5d$	$r=6d$	$r=8d$
45°	0.49d	0.52d	0.56d	0.58d	0.70d	0.79d
60°	0.77d	0.84d	0.95d	1.01d	1.28d	1.50d
90°	1.75d	2.07d	2.50d	2.72d	3.79d	4.65d

二、钢筋下料长度计算方法

由于轴线长度不会随钢筋的弯曲而改变，所以计算钢筋的下料长度，就是计算钢筋轴线长度。

（1）对于纵向钢筋，由弯曲量度差的概念可知，钢筋的下料长度是钢筋的外包尺寸减去钢筋弯曲量度差。所以，一般情况下纵向钢筋的下料长度 L 为（见图 4.0.3）：

$$L = L_1 + L_2 + L_3 - 2 \times 弯曲量度差 \tag{4.0.3}$$

式中，"2"为钢筋弯曲次数。

图 4.0.3　纵向钢筋下料长度计算示意图

（2）对于封闭箍筋，其末端一般应作135°弯钩，弯后平直段长度不应小于10倍箍筋直径且不小于75mm。箍筋的弯弧内半径取 $2d$。可以假想箍筋由两部分组成：一部分是图 4.0.4（a），另一部分是图 4.0.4（b）。图 4.0.4（a）为一个闭合的矩形，但是，四个角是以 $2d$ 为半径的弯曲圆弧；图 4.0.4（b）里，有一个半圆，它是由一个半圆和两个相等的直线段组成。将图 4.0.4（a）和图 4.0.4（b）分别计算，加起来就是箍筋的下料长度 L。

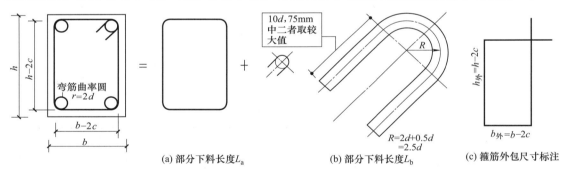

图 4.0.4　箍筋构造及下料长度计算示意图

注：1. 当梁上部纵筋整体下移一层时，$h_外 = h - 2c - d_纵$。

2. 当梁中存在拉筋并同时勾住封闭箍筋时，$b_外 = b - 2(c_{min} + d_拉)$。

图 4.0.4（a）部分下料长度 L_a：

$$L_a = 外包尺寸 - 4 \times 弯曲量度差 = 2 \times [(h - 2c) + (b - 2c)] - 4 \times 2.07d$$
$$\approx 2h + 2b - 8c - 8.28d$$

式中　c——梁、柱的混凝土保护层厚度，mm，下同。

图 4.0.4（b）部分下料长度 L_b：

$L_R = R \times 2\pi/2 = R \times \pi \approx 2.5d\pi \approx 7.85d$（半圆中心线长），则：

当 $10d > 75mm$ 时，$L_b = 7.85d + 2 \times 10d = 27.85d$；

当 $10d < 75mm$ 时，$L_b = 7.85d + 2 \times 75 = 7.85d + 150$。

所以，箍筋下料长度计算公式为：

当 $10d > 75mm$ 时，

$$L=2h+2b-8c-8.28d+27.85d=2h+2b-8c+19.57d=2\times(h_外+b_外)+19.57d$$

$$(4.0.4)$$

当 $10d<75\mathrm{mm}$ 时，

$$L=2h+2b-8c-8.28d+7.85d+150=2h+2b-8c-0.43d+150=2\times(h_外+b_外)-$$
$0.43d+150$

$$(4.0.5)$$

对于不受扭的非框架梁（或非抗震构件）的箍筋，弯折平直段长度可取 $5d$，故其下料长度为：

$$L=2\times(h_外+b_外)+9.57d$$

$$(4.0.6)$$

在钢筋配料单中，绘制箍筋简图时将箍筋的宽度与高度标于简图外侧，以表示为箍筋的外包尺寸 ［图 4.0.4（c）］。

（3）关于梁、柱的拉筋（或单肢箍），一般应拉住梁、柱的箍筋（图 4.0.5）。以梁为例，抗震拉筋其下料长度推导如下：

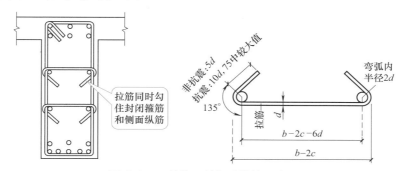

图 4.0.5　拉筋下料长度计算示意图

① 抗震构件的拉筋。

当 $10d<75\mathrm{mm}$ 时，

$$L=(b-2c-6d)/平直段长度+2\times[2\times(2d+d/2)\pi\times135°/360°]/弧段长度+$$
$$2\times75/弯钩平直段长度\approx b-2c+5.78d+150$$

$$(4.0.7)$$

式中　b——梁、柱截面宽度，mm；

c——当梁两侧的混凝土保护层厚度不同时，$2c$ 取两侧保护层厚度之和。

当 $10d>75\mathrm{mm}$ 时，

$$L=(b-2c-6d)+2\times[2\times(2d+d/2)\pi\times135°/360°]+2\times10d\approx b-2c+25.78d \quad(4.0.8)$$

② 非抗震构件的拉筋。

$$L\approx b-2c+15.78d$$

$$(4.0.9)$$

③ 对于剪力墙的拉筋，其构造做法见图 4.0.6。下料长度如下（过程请自行推导）：

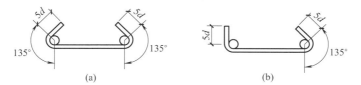

图 4.0.6　剪力墙墙身拉筋构造

对于图 4.0.6（a），其下料长度计算公式同式（4.0.9）。

对于图 4.0.6（b），其下料长度计算公式为：

$$L \approx b - 2c + 13.82d \qquad (4.0.10)$$

式中 b——剪力墙的厚度，mm。

（4）当混凝土结构中采用 HPB300（光面钢筋）时（如现浇板中底部钢筋），钢筋末端应做 180°弯钩，弯弧内半径 $r=1.25d$，弯后平直段长度不应小于 $3d$。由图 4.0.7 可见，端部做 180°弯钩的钢筋下料长度 L_{180} 计算公式为：

$$L_{180} = 平直段长度（外包） + \pi(r+d/2) + 3d - (r+d) = 平直段长度（外包） + 6.25d$$

$$(4.0.11)$$

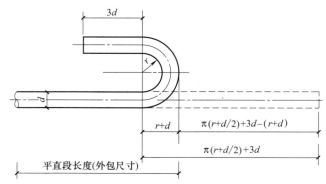

图 4.0.7　端部 180°弯钩的钢筋下料长度计算示意图

基本构件钢筋翻样

任务 1　柱钢筋翻样

一、任务要求

从"××××电缆生产基地办公综合楼"柱平法施工图中任选一根 KZ，在读懂其施工图并明确其施工构造的基础上，对该 KZ 的纵筋和箍筋进行下料长度计算，并填制该 KZ 的钢筋配料单。

二、资讯

以⑥轴与Ⓐ轴交点处 KZ-2（．结施 4/13）的钢筋翻样为例。

1. KZ-2 图纸信息（未注明的尺寸单位为 mm）

KZ-2 分地下层柱段与首层（顶层）柱段共两层。柱底标高为−2.600m，地下层结构顶标高为−0.100m，柱顶标高 4.150m。地下层净高取 2100，首层柱净高取 3750。

KZ-2 纵筋为 12Φ20（沿柱四周均匀、对称布置）。地下层柱段箍筋为 ϕ8@100（4×4），首层柱段为 ϕ8@100（4×4）。

地下层柱段混凝土保护层厚度为 25，首层柱段混凝土保护层厚度为 20。

2. KZ-2 配筋构造

KZ-2 配筋 BIM 模型见图 4.1.1。

（1）地下层插筋柱段　插筋柱段的配筋构造见图 4.1.2，钢筋编号标注于配筋构造图中。

（2）地下层柱段　地下层柱段的配筋见图 4.1.3，钢筋编号标注于配筋构造图中。

（3）首层（顶层）柱段　顶层柱段的配筋构造见图 4.1.4，钢筋编号标注于配筋构造图中。

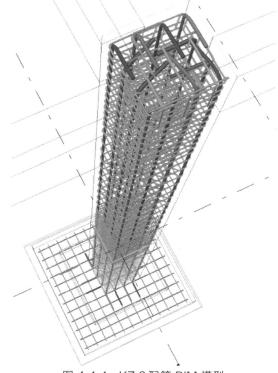

图 4.1.1　KZ-2 配筋 BIM 模型

特别提示

在设计图纸中，钢筋配置的细节问题没有注明时，一般按标准构造详图处理，还应考虑施工需要的附加钢筋。同时应考虑钢筋的形状和尺寸，在满足设计要求的前提下，要有利于加工。

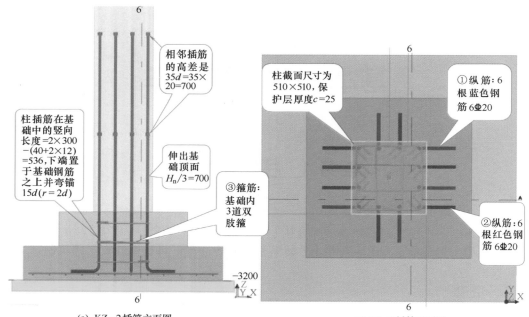

相邻插筋的高差是35d=35×20=700

柱插筋在基础中的竖向长度=2×300−(40+2×12)=536,下端置于基础钢筋之上并弯锚15d(r=2d)

伸出基础顶面$H_n/3=700$

③箍筋:基础内3道双肢箍

−3200

(a) KZ−2 插筋立面图

柱截面尺寸为510×510,保护层厚度c=25

①纵筋:6根 蓝色钢筋 6⊈20

②纵筋:6根红色钢筋 6⊈20

(b) KZ−2 插筋平面图

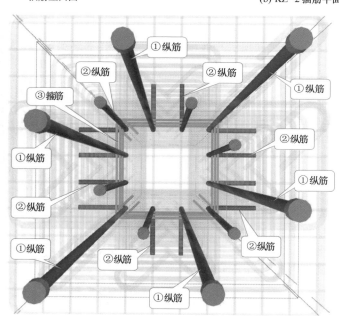

①纵筋
②纵筋
②纵筋
①纵筋
③箍筋
②纵筋
①纵筋
①纵筋
①纵筋
②纵筋
②纵筋
①纵筋
①纵筋
②纵筋
①纵筋

(c)KZ−2插筋3D视图及钢筋编号

图 4.1.2　KZ-2 插筋及其编号

三、决策、计划与实施

在读懂 KZ 结构施工图并明确其配筋构造的基础上，完成某根 KZ 的钢筋翻样任务。

示例：KZ-2 钢筋翻样

1. KZ-2 插筋柱段钢筋翻样

（1）绘抽筋图，计算并标注几何尺寸（图 4.1.5）

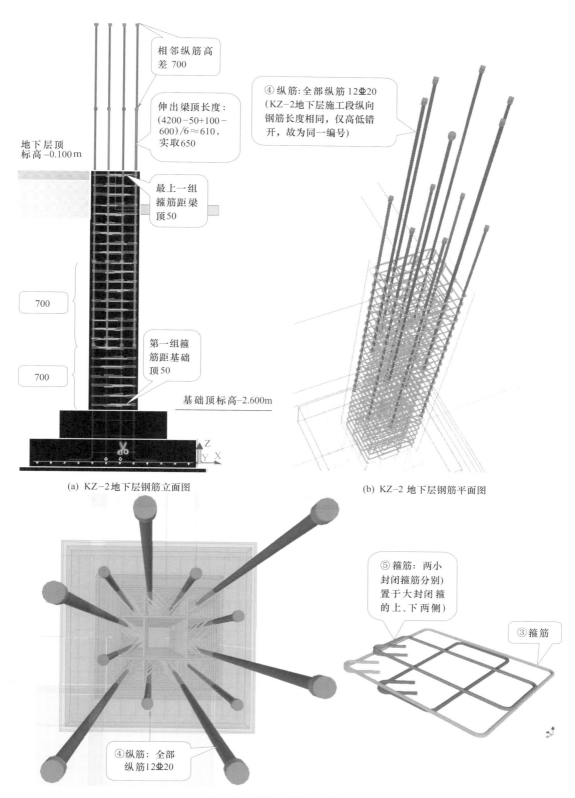

相邻纵筋高差 700

④纵筋:全部纵筋12Φ20（KZ-2地下层施工段纵向钢筋长度相同，仅高低错开，故为同一编号）

伸出梁顶长度：(4200−50+100−600)/6≈610，实取650

地下层顶标高 −0.100 m

最上一组箍筋距梁顶50

700

第一组箍筋距基础顶50

700

基础顶标高−2.600m

(a) KZ-2地下层钢筋立面图

(b) KZ-2 地下层钢筋平面图

⑤箍筋：两小封闭箍筋分别）置于大封闭箍的上、下两侧）

③箍筋

④纵筋：全部纵筋12Φ20

（c）KZ-2 插筋3D视图及钢筋编号

图 4.1.3　KZ-2 地下层钢筋及其编号

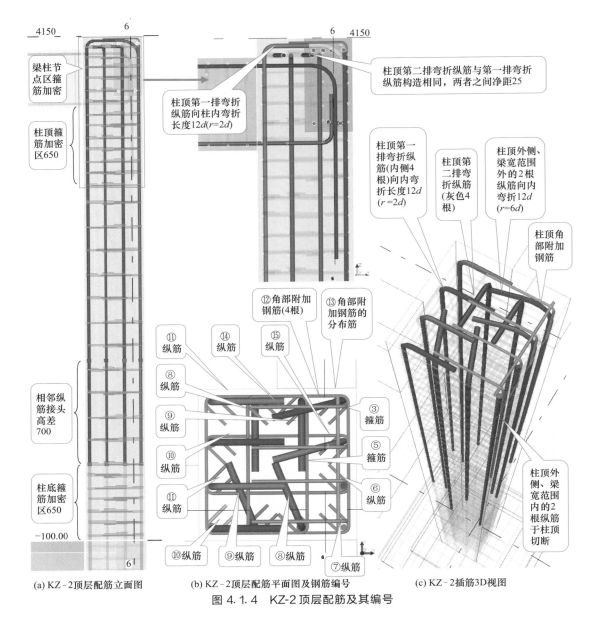

(a) KZ-2顶层配筋立面图　　(b) KZ-2顶层配筋平面图及钢筋编号　　(c) KZ-2插筋3D视图

图 4.1.4　KZ-2 顶层配筋及其编号

① 纵筋尺寸计算：

弯折段长度＝$15d$＝$15×20$＝300（mm）（写于钢筋外侧）

平直段长度＝$536＋700＋700$＝$1936≈1940$（mm）（写于钢筋外侧）

② 纵筋尺寸计算：

弯折段长度＝$15d$＝$15×20$＝300（mm）（写于钢筋外侧）

平直段长度＝$536＋700$＝$1236≈1240$（mm）（写于钢筋外侧）

③ 箍筋外包尺寸计算：

按照施工要求，基础段柱每边加宽 5mm，柱截面尺寸为 510mm×510mm，保护层厚度 c＝25mm。故 KZ-2 箍筋外包尺寸为：$500＋2×5－2×25$＝460（mm）（写于箍筋外侧）。

（2）下料长度计算

1）纵筋下料长度计算

① 纵筋下料长度计算：$L_① = 300 + 1940 - 2.07 \times 20 \approx 2200$（mm）

② 纵筋下料长度计算：$L_② = 300 + 1240 - 2.07 \times 20 \approx 1500$（mm）

2）③ 箍筋下料长度计算（基础内共 3 道箍筋）

$10d = 80\text{mm} > 75\text{mm}$，故 $L_③ = 2 \times (h_外 + b_外) + 19.57d = 2 \times (460 + 460) + 19.57 \times 8 \approx 2000$（mm）

（3）填制 KZ-2 插筋柱段钢筋配料单（表 4.1.1）

表 4.1.1　KZ-2 插筋柱段钢筋配料单

构件名称	钢筋编号	简图	钢筋级别	直径/mm	下料长度/mm	单件根数/根	合计根数/根	合计长度/m	质量/kg
KZ-2（计 1 件）	①	300 1940	HRB400	20	2200	6	6	13.20	32.6
	②	300 1240	HRB400	20	1500	6	6	9.00	22.3
	③	460 460 弯钩平直段长度:80	HPB300	8	2000	3	3	6.00	2.4
合计质量					$\Phi 20{:}54.9\text{kg}$			$\Phi 8{:}2.4\text{kg}$	

注：$\Phi 20$ 钢筋 2.47kg/m；$\Phi 8$ 钢筋 0.395kg/m。

2. KZ-2 地下层柱段钢筋翻样

（1）绘抽筋图，计算并标注几何尺寸（图 4.1.6）

④纵筋尺寸计算：

无弯折，平直段长度 $= (2600 - 100) - 700 + 650 = 2450$（mm）（写于抽筋图中）

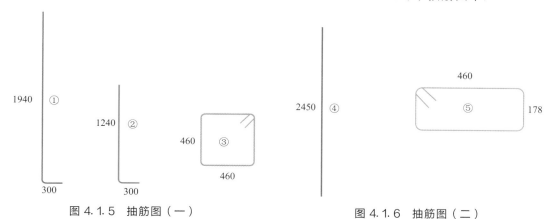

图 4.1.5　抽筋图（一）　　　　　　　　图 4.1.6　抽筋图（二）

⑤箍筋外包边长计算：

$h_外 = 510 - 2 \times 25 = 460$（mm）（写于箍筋外侧）

$b_外 =$ 相邻纵筋外皮距离 $+ 2 \times 8 = \{[510 - 2 \times (25 + 8 + 10)]/3 + 2 \times 10\} + 2 \times 8 \approx 178$（mm）（写于箍筋外侧）

（2）下料长度计算

④纵筋下料长度计算：钢筋无弯折，故 $L_④$＝平直段长度＝2450mm。

⑤箍筋下料长度计算：

$10d=80mm>75mm$，故 $L_⑤=2\times(h_外+b_外)+19.57d=2\times(460+178)+19.57\times8\approx1435(mm)$

⑤箍筋数量计算：

$n=(2600-100-2\times50)/100+1=25$（个），每组设置两层，故共计50个箍筋。

（3）填制 KZ-2 地下层柱段钢筋配料单（表 4.1.2）

表 4.1.2　KZ-2 地下层柱段钢筋配料单

构件名称	钢筋编号	简图	钢筋级别	直径/mm	下料长度/mm	单件根数/根	合计根数/根	合计长度/m	质量/kg
KZ-2（计1件）	④	2450	HRB400	20	2450	12	12	29.40	72.6
	⑤	178 460 弯钩平直段长度:80	HPB300	8	1435	50	50	71.75	28.4
	③	460 460 弯钩平直段长度:80	HPB300	8	2000	25	25	50.00	19.8
合计质量					⏀20:72.6kg			⏀8:48.2kg	

注：⏀20 钢筋 2.47kg/m；⏀8 钢筋 0.395kg/m。

3. KZ-2 顶层柱段钢筋翻样

（1）绘抽筋图，计算并标注几何尺寸（图 4.1.7）

⑥纵筋尺寸计算：

平直段长度 $L_⑥=(4150+100)-(650+700)-25=2875$（mm）（柱顶保护层厚度取25mm）

⑦纵筋尺寸计算：平直段长度 $L_⑦=L_⑥+700=3575$（mm）

⑧纵筋尺寸计算：

弯折段长度$=12d=12\times20=240$（mm）（写于钢筋外侧）

平直段长度$=L_⑥-(20+25)=2830$（mm）（第二排弯折，与第一排弯折纵筋净距取25mm）（写于钢筋外侧）

⑨纵筋尺寸计算：

弯折段长度$=12d=12\times20=240$（mm）（写于钢筋外侧）

平直段长度$=L_⑦-(20+25)=3530$（mm）（第二排弯折）（写于钢筋外侧）

⑩、⑭纵筋尺寸计算：

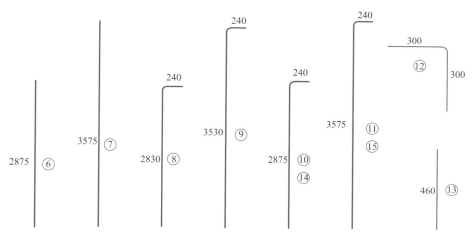

图 4.1.7 抽筋图（三）

弯折段长度＝12d＝12×20＝240（mm）（写于钢筋外侧）

平直段长度＝$L_⑥$＝2875（mm）（第一排弯折，柱顶保护层厚度取 25mm）（写于钢筋外侧）

⑪、⑮纵筋尺寸计算：

弯折段长度＝12d＝12×20＝240（mm）（写于钢筋外侧）

平直段长度＝$L_⑦$＝3575（mm）（第一排弯折）（写于钢筋外侧）

⑫纵筋尺寸计算：

弯折段长度＝300（mm）（写于钢筋外侧）

⑬纵筋尺寸计算：

平直段长度＝500－2×20＝460（mm）

（2）纵筋下料长度计算

⑥纵筋下料长度计算：$L_⑥$＝2875（mm）

⑦纵筋下料长度计算：$L_⑦$＝3575（mm）

⑧纵筋下料长度计算：$L_⑧$＝2830＋240－2.07×20≈3025（mm）（下排筋就小取值）

⑨纵筋下料长度计算：$L_⑨$＝3530＋240－2.07×20≈3725（mm）

⑩纵筋下料长度计算：$L_⑩$＝2875＋240－2.07×20≈3075（mm）（上排筋就大取值）

⑪纵筋下料长度计算：$L_⑪$＝3575＋240－2.07×20≈3775（mm）

⑫纵筋下料长度计算：$L_⑫$＝300＋300－2.07×10≈580（mm）

⑬纵筋下料长度计算：$L_⑬$＝460（mm）

⑭筋下料长度计算：$L_⑭$＝2875＋240－3.79×20≈3040（mm）

⑮筋下料长度计算：$L_⑭$＝3575＋240－3.79×20≈3740（mm）

（3）箍筋数量计算

1）加密区箍筋数量计算

$$n_1＝[(650－50)/100＋1]×2＋(600－100－50)/100＋1≈20(道)$$

2）非加密区箍筋（拉筋）数量计算

$$n_2＝[(4150＋100)－600－2×650]/200－1≈11(个)$$

故 n＝20＋11＝31（个），其中⑤号箍筋每组设置两层，故共计 62 个箍筋。

（4）填制 KZ-2 顶层柱段钢筋配料单（表 4.1.3）

表 4.1.3　KZ-2 顶层柱段钢筋配料单

构件名称	钢筋编号	简图	钢筋级别	直径/mm	下料长度/mm	单件根数	合计根数	合计长度/m	质量/kg
KZ-2（计1件）	⑥	2875	HRB400	20	2875	1	1	2.88	7.2
	⑦	3575	HRB400	20	3575	1	1	3.58	8.9
	⑧	2830 ⌐240	HRB400	20	3025	2	2	6.05	15.0
	⑨	3530 ⌐240	HRB400	20	3725	2	2	7.45	18.5
	⑩	2875 ⌐240	HRB400	20	3075	2	2	6.15	15.2
	⑪	3575 ⌐240	HRB400	20	3775	2	2	7.55	18.7
	⑫	300 / 300	HRB400	10	580	4	4	2.32	1.5
	⑬	460	HRB400	10	460	1	1	0.46	0.3
	⑭	2875 ⌐240	HRB400	20	3040	1	1	3.04	7.5
	⑮	3575 ⌐240	HRB400	20	3740	1	1	3.74	9.3
	③	460 / 460 弯钩平直段长度:80	HPB300	8	2000	31	31	62.00	24.5
	⑤	460 / 178 弯钩平直段长度:80	HPB300	8	1435	62	62	88.97	35.1
合计质量		Φ 20:100.3kg			Φ 8:59.6kg			Φ 10:1.8kg	

注：Φ20 钢筋 2.47kg/m；Φ8 钢筋 0.395kg/m；Φ10 钢筋 0.617kg/m。

四、检查与评估

首先小组成员之间交互检查、对比各自所提交的 KZ 钢筋配料单，并与图纸信息和标准配筋构造进行比对，检查对 KZ 钢筋翻样的掌握程度。然后小组提交成员中最为满意的 KZ 钢筋翻样成果，教师进行检查与点评，通过查漏补缺，不断提高柱施工图识读能力、对配筋构造的应用能力和钢筋翻样能力。

通过任务训练，培养严谨治学、精益求精的工匠精神、团队协作的精神和依法依规的科学态度。

实际工程钢筋翻样时，应结合施工现场条件和工程结构特点综合考虑。

那么钢筋翻样时有哪些切实可行的工程经验呢？请扫二维码 4.1 了解一下吧！

二维码 4.1

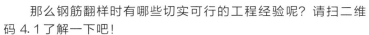

任务 2　梁钢筋翻样

一、任务要求

从"××××电缆生产基地办公综合楼"梁平法施工图中任选一根 KL 或 L，在读懂其施工图并明确其施工构造的基础上，对该 KL 或 L 的纵筋和箍筋进行下料长度计算，并填制该 KL 或 L 的钢筋配料单。

二、资讯

以标高−0.100 结构层中 KL6（结施 6/13）的钢筋翻样为例。

1. KL6 图纸信息

请参阅模块二"项目 3　梁施工图、施工构造与 BIM 建模"的"子项目 3.1　标高−0.100 结构层梁施工图、施工构造与 BIM 建模"之"任务 3　标高−0.100 结构层梁 BIM 建模"。

2. KL6 配筋构造

KL6 配筋构造做法请查阅模块二中的项目 3 子项目 3.1 之任务 3。KL6 配筋构造见图 4.1.8。

三、决策、计划与实施

在读懂 KL 平法施工图并明确其配筋构造的基础上，完成某根 KL 的钢筋翻样任务。

示例：KL6 钢筋翻样

1. 绘抽筋图，计算并标注几何尺寸（图 4.1.9）

（1）纵筋

1）梁顶纵筋

①筋尺寸计算：

梁顶纵筋长 13.7mm（边柱外侧至另一边柱外侧），钢筋供料长度一般为 9m，故应考虑纵筋接长问题，本工程梁纵筋采用机械接头。为减少钢筋切割，①筋充分利用整根长度 9m。

弯折段长度＝$15d$＝15×20＝300（mm）（写于钢筋外侧）

平直段长度＝$9000-300+2.07 \times 20 \approx 8740$（mm）（写于钢筋外侧）

②筋尺寸计算：

弯折段长度＝$15d$＝15×20＝300（mm）（写于钢筋外侧）

平直段长度＝$13700-2 \times 80-8740$＝4800（mm）（写于钢筋外侧）

③筋尺寸计算：

弯折段长度＝$15d$＝15×20＝300（mm）（写于钢筋外侧）

平直段长度＝$8740-700$＝8040（mm）（写于钢筋外侧）

④筋尺寸计算：

弯折段长度＝$15d$＝15×20＝300（mm）（写于钢筋外侧）

平直段长度＝$4800+700$＝5500（mm）（写于钢筋外侧）

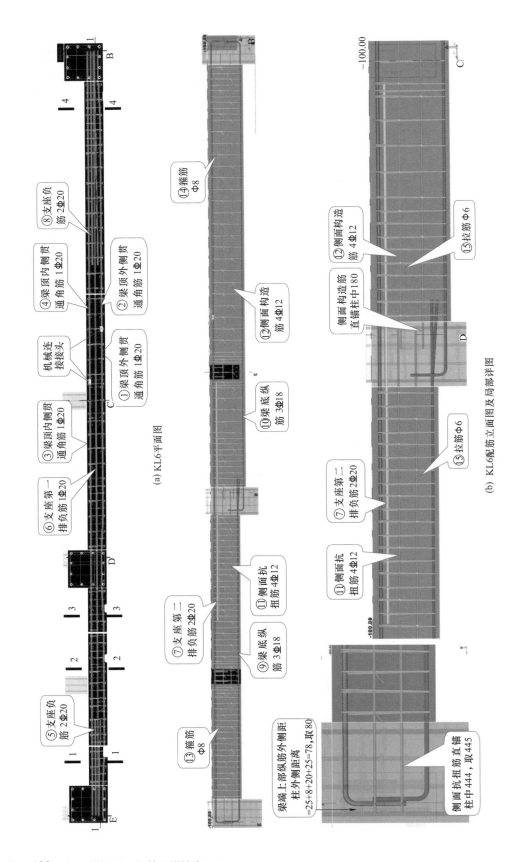

⑧支座负筋 2Φ20

④梁顶内侧贯通角筋 1Φ20

②梁顶外侧贯通角筋 1Φ20

机械连接接头

①梁顶外侧贯通角筋 1Φ20

③梁顶内侧贯通角筋 1Φ20

⑥支座第一排负筋 1Φ20

⑤支座负筋 2Φ20

(a) KL6平面图

⑭箍筋 Φ8

⑫侧面构造筋 4Φ12

⑩梁底纵筋 3Φ18

⑦支座第二排负筋 2Φ20

⑪侧面抗扭筋 4Φ12

⑨梁底纵筋 3Φ18

⑬箍筋 Φ8

梁端上部纵筋外侧距柱外侧距离
=25+8+20+25=78,取80

⑫侧面构造筋 4Φ12

侧面构造筋直锚柱中180

⑮拉筋 Φ6

⑦支座第二排负筋 2Φ20

⑪侧面抗扭筋 4Φ12

⑮拉筋 Φ6

侧面抗扭筋直锚柱中444,取445

(b) KL6配筋立面图及局部详图

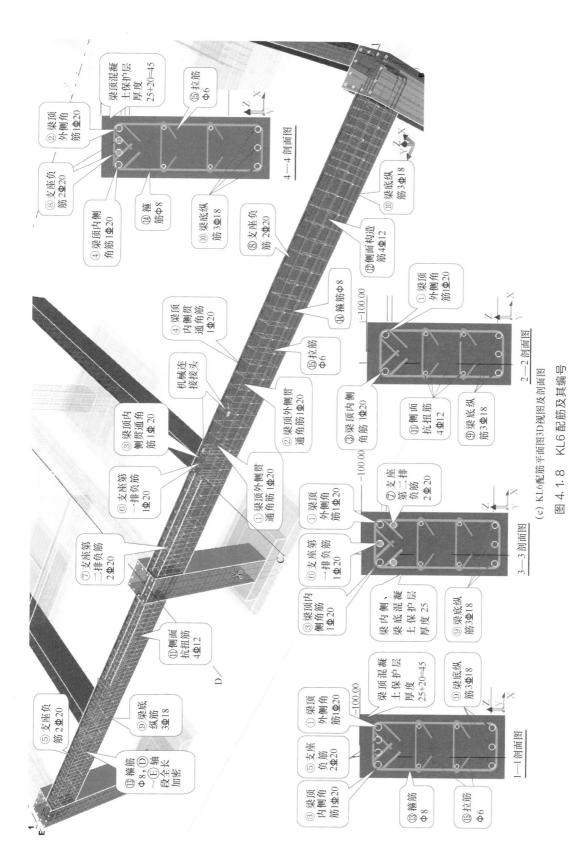

（c）KL6配筋平面图3D视图及剖面图

图4.1.8 KL6配筋及其编号

项目1 基本构件钢筋翻样 169

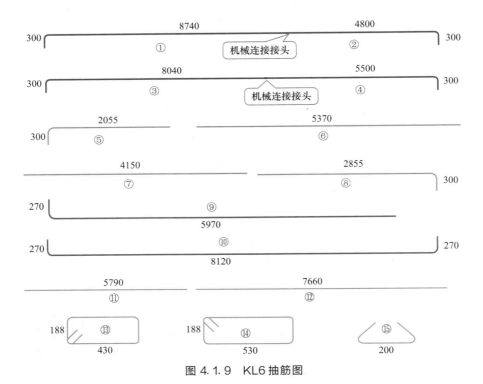

图 4.1.9　KL6 抽筋图

⑤筋尺寸计算：

弯折段长度＝15d＝15×20＝300（mm）（写于钢筋外侧）

平直段长度＝l_n/3＋柱宽－80＝(3200＋2500－2×400)/3＋500－80＝2055（mm）（写于钢筋外侧）

⑥筋尺寸计算：

平直段长度＝2×[max($l_{n\text{⑧}\sim\text{⑨}}$,$l_{n\text{⑨}\sim\text{⑩}}$)]/3＋柱宽＝2×(5700＋2100－400－100)/3＋500≈5370(mm)

⑦筋尺寸计算：

平直段长度＝2×[max($l_{n\text{⑧}\sim\text{⑨}}$,$l_{n\text{⑨}\sim\text{⑩}}$)]/4＋柱宽＝2×(5700＋2100－400－100)/4＋500＝4150(mm)

⑧筋尺寸计算：

弯折段长度＝15d＝15×20＝300（mm）（写于钢筋外侧）

平直段长度＝l_n/3＋柱宽－80＝(5700＋2100－400－100)/3＋500－80＝2855(mm)（写于钢筋外侧）

2）梁底纵筋

⑨筋尺寸计算：

弯折段长度＝15d＝15×18＝270（mm）（写于钢筋外侧）

平直段长度＝边柱锚固平直段长度＋梁净跨＋中柱直锚长度＝[500－(80＋20)]＋(3200＋2500－2×400)＋max(37×18≈670;0.5×500＋5×18＝340)≈5970(mm)（写于钢筋外侧）

⑩筋尺寸计算：

弯折段长度＝15d＝15×18＝270（mm）（写于钢筋外侧）

平直段长度＝100＋5700＋2100＋400－80－(80＋20)＝8120(mm)（写于钢筋外侧）

3）侧面钢筋（构造钢筋及抗扭钢筋）

⑪抗扭钢筋尺寸计算：

平直段长度＝边柱直锚长度＋梁净跨＋中柱直锚长度＝$37 \times 12 + (3200 + 2500 - 2 \times 400) + 37 \times 12 \approx 5790$（mm）

⑫构造钢筋尺寸计算：

平直段长度＝边柱直锚长度＋梁净跨＋中柱直锚长度＝$15 \times 12 + (5700 + 2100 - 100 - 400) + 15 \times 12 = 7660$（mm）

（2）箍筋及拉筋尺寸计算：

⑬箍筋外包尺寸计算：

$b_{外} = 250 - 2 \times (25 + 6) = 188$（mm）；$h_{外} = 500 - 45 - 25 = 430$（mm）（写于箍筋外侧）

⑭箍筋外包尺寸计算：

$b_{外} = 250 - 2 \times (25 + 6) = 188$（mm）；$h_{外} = 600 - 45 - 25 = 530$（mm）（写于箍筋外侧）

⑮拉筋外包尺寸计算（按拉筋紧靠箍筋并勾住腰筋考虑）：

$250 - 25 - 25 = 200$（mm）

2. KL6（标高－0.100 结构层）下料长度计算

（1）纵筋下料长度计算

1）梁顶纵筋下料计算：

$L_① = 9000$mm

$L_② = 300 + 4800 - 2.07 \times 20 \approx 5060$（mm）

$L_③ = 9000 - 700$mm $= 8300$（mm）

$L_④ = 5060 + 700 = 5760$（mm）

$L_⑤ = 300 + 2055 - 2.07 \times 20 \approx 2315$（mm）

⑥号钢筋无弯折，故 $L_⑥ = 5370$（mm）

⑦号钢筋无弯折，故 $L_⑦ = 4150$（mm）

$L_⑧ = 300 + 2855 - 2.07 \times 20 \approx 3115$（mm）

2）梁底纵筋下料计算

$L_⑨ = 270 + 5970 - 2.07 \times 18 \approx 6205$（mm）

$L_⑩ = 2 \times 270 + 8120 - 2 \times 2.07 \times 18 \approx 8590$（mm）

3）侧面钢筋（构造钢筋及抗扭钢筋）下料计算

⑪抗扭钢筋无弯折，故 $L_⑪ = 5790$（mm）

⑫构造钢筋无弯折，故 $L_⑫ = 7660$（mm）

（2）箍筋及拉筋料长度和数量计算

1）箍筋筋料长度及数量计算

$10d = 80$mm > 75mm，故 $L_⑬ = 2 \times (h_{外} + b_{外}) + 19.57d = 2 \times (188 + 430) + 19.57 \times 8 \approx 1395$（mm）

$n_⑬ = [(3200 + 2500) - 2 \times 400 - 2 \times 50]/100 + 1 + 6 = 55$（个）

$L_⑭ = 2 \times (h_{外} + b_{外}) + 19.57d = 2 \times (188 + 530) + 19.57 \times 8 \approx 1595$（mm）

$n_⑭ = n_{加密区} + n_{非加密区} + n_{附加} = 2 \times [(1.5 \times 600 - 50)/100 + 1] + [(5700 + 2100 - 100 - 400 - 2 \times 1.5 \times 600)/200 - 1] + 6 \approx 52$（个）

2）拉筋筋料长度及数量计算

$10d = 60$mm < 75mm，故 $L_⑮ = 200 + 5.78 \times 6 + 150 \approx 385$（mm）

$n_⑮ = (3200 + 2500 - 2 \times 400 - 2 \times 50)/200 + 1 + (5700 + 2100 - 100 - 400 - 2 \times 50)/200 + 1 + 4 = 66$（个）

3. 填制 KL6 钢筋配料单（表 4.1.4）

表 4.1.4 KL6（标高 - 0.100 结构层）钢筋配料单

构件名称	钢筋编号	简图	钢筋级别	直径/mm	下料长度/mm	单件根数/根	合计根数/根	合计长度/m	质量/kg
KL6（计1件）	①	8740 300	HRB400	20	9000	1	1	9.00	22.2
	②	4800 300	HRB400	20	5060	1	1	5.06	12.5
	③	8040 300	HRB400	20	8300	1	1	8.30	20.5
	④	5500 300	HRB400	20	5760	1	1	5.76	14.3
	⑤	2055 300	HRB400	20	2315	2	2	4.63	11.4
	⑥	5370	HRB400	20	5370	1	1	5.37	13.3
	⑦	4150	HRB400	20	4150	2	2	8.30	20.5
	⑧	2855 300	HRB400	20	3115	2	2	6.23	15.4
	⑨	270 5970	HRB400	18	6205	3	3	18.62	37.2
	⑩	270 270 8120	HRB400	18	8590	3	3	25.77	51.5
	⑪	5790	HRB400	12	5790	4	4	23.16	20.6
	⑫	7660	HRB400	12	7660	4	4	30.64	27.2
	⑬	188 430 弯折平直段长度：80	HRB300	8	1395	55	55	76.73	30.3
	⑭	188 530 弯折平直段长度：80	HPB300	8	1595	52	52	82.94	32.8
	⑮	200 弯折平直段长度：75	HPB300	6	385	66	66	25.41	5.6
合计质量	Φ12:47.8kg		Φ18:88.7kg		Φ20:130.3kg		Φ6:5.6kg		Φ8:63.1kg

注：Φ12 钢筋 0.888kg/m；Φ18 钢筋 2.00kg/m；Φ20 钢筋 2.47kg/m；Φ6 钢筋 0.222kg/m；Φ8 钢筋 0.395kg/m。

四、检查与评估

首先小组成员之间交互检查、对比各自所提交的 KL 或 L 钢筋配料单，并与图纸信息和标准配筋构造进行比对，检查对 KL 或 L 钢筋翻样的掌握程度。然后小组提交成员中最为满意的 KL 或 L 钢筋翻样成果，教师进行检查与点评，通过查漏补缺，不断提高梁平法识图能力、对配筋构造的应用能力和钢筋翻样能力。

通过任务训练，培养严谨治学、精益求精的工匠精神、团队协作的精神和依法依规的科学态度。

任务 3 板钢筋翻样

一、任务要求

从"××××电缆生产基地办公综合楼"现浇板施工图中任选一板块，在读懂其施工图并明确其施工构造的基础上，对该板块的钢筋进行下料长度计算，并填制该板块的钢筋配料单。

二、资讯

以二层①轴～②轴与①轴～⑥轴间上部板块（编号 2B4，图纸见结施 10/13）的钢筋翻样为例。

1. 2B4 图纸信息

板面标高：4.150－0.300＝3.850（m）。

板底钢筋：短跨及长跨方向均为$\underline{\Phi}$8@200。

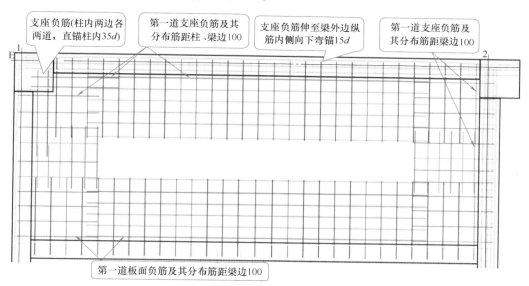

(a) 2B4板面配筋平面图

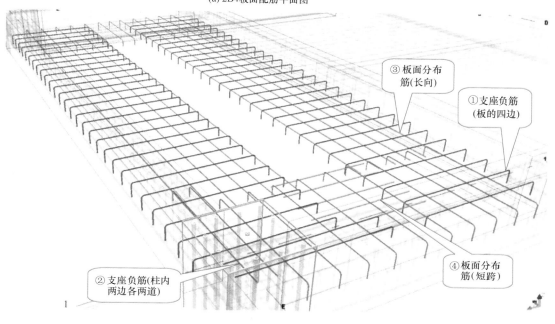

(b) 2B4板面配筋3D视图及其编号

图 4.1.10

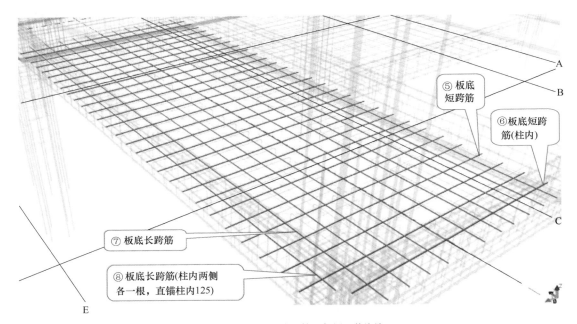

⑤ 板底
短跨筋

⑥ 板底短跨
筋(柱内)

⑦ 板底长跨筋

⑧ 板底长跨筋(柱内两侧
各一根,直锚柱内125)

A
B

C

E

(c) 2B4板底配筋3D视图及其编号

图 4.1.10　2B4 配筋构造

板面钢筋：支座负筋为⚎8@200，自梁内侧伸入板内 850mm。支座负筋的分布筋为 Φ6@150。

该板上为卫生间，按二 a 环境考虑，混凝土保护层厚度取 20mm。

2. 2B4 配筋构造

2B4 配筋构造见图 4.1.10。

三、决策、计划与实施

在读懂板结构施工图并明确其配筋构造的基础上，完成某块板的钢筋翻样任务。

▶ 示例：板块 2B4 钢筋翻样

1. 绘钢筋图，计算并标注几何尺寸（图 4.1.11）

①筋尺寸计算：

板内弯折段长度＝120－2×20＝80（mm）（写于钢筋外侧）

支座内弯折段长度＝15×8＝120（mm）（写于钢筋外侧）

平直段长度＝850＋250－（20＋20＋8）＝1052（mm）（写于钢筋外侧）（KL 上部纵筋直径为 20）

②筋尺寸计算：

板内弯折段长度＝120－2×20＝80（mm）（写于钢筋外侧）

平直段长度＝850＋35×8＝1130（mm）（写于钢筋外侧）

③筋尺寸计算：

平直段长度＝6000－150－100－2×850＋2×150＝4350（mm）

④筋尺寸计算：

平直段长度＝2500－150－125－2×850＋2×150＝825（mm）

⑤筋尺寸计算：

平直段长度＝2500－150＋125＝2475（mm）

⑥筋尺寸计算：

平直段长度＝2500－400＋125＝2225（mm）

⑦筋尺寸计算：

平直段长度＝6000－150－100＋2×125＝6000（mm）

⑧筋尺寸计算：

平直段长度＝6000－400－100＋2×125＝5750（mm）

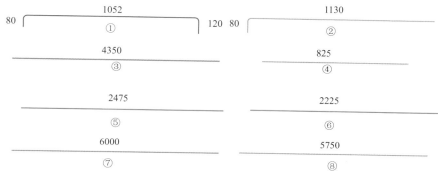

图 4.1.11　2B4 抽筋图

2. 2B4 钢筋下料长度及数量计算

$L_①＝80＋1052＋120－2×2.07×8≈1220$（mm）

$n_1＝[(6000－400－100－2×100)/200＋1]＋[(2500－400－125－2×100)/200＋1]$
$＋[(6000－150－100－2×100)/200＋1]＋[(2500－150－125－2×100)/200＋1]≈79$（根）

$L_②＝80＋1130－2.07×8≈1200$（mm）

$n_2＝4$（根）

③钢筋无弯折，故 $L_③＝4350$（mm），$n_3＝2×[(850－100)/150＋1]＝12$（根）

④钢筋无弯折，故 $L_④＝825$（mm），$n_4＝2×[(850－100)/150＋1]＝12$（根）

⑤钢筋无弯折，故 $L_⑤＝2475$（mm），$n_5＝(6000－150－100－2×100)/200＋1－1≈28$
（根）

⑥钢筋无弯折，故 $L_⑥＝2225$（mm），$n_6＝1$（根）

⑦钢筋无弯折，故 $L_⑦＝6000$（mm），$n_7＝(2500－150－100－2×100)/200＋1－1≈11$
（根）

⑧钢筋无弯折，故 $L_⑧＝5750$（mm），$n_8＝1$（根）

3. 填制 2B4 钢筋配料单（表 4.1.5）

表 4.1.5　2B4 钢筋配料单

构件名称	钢筋编号	简图	钢筋级别	直径/mm	下料长度/mm	单件根数/根	合计根数/根	合计长度/m	质量/kg
2B4（计1件）	①	80⌐1052⌐120	HRB400	8	1220	79	79	96.38	38.1
	②	80⌐1130	HRB400	8	1200	4	4	4.80	1.9
	③	4350	HPB300	6	4350	12	12	52.20	11.6
	④	825	HPB300	6	825	12	12	9.90	2.2

构件名称	钢筋编号	简图	钢筋级别	直径/mm	下料长度/mm	单件根数/根	合计根数/根	合计长度/m	质量/kg
2B4 (计1件)	⑤	2475	HRB400	8	2475	28	28	69.30	27.4
	⑥	2225	HRB400	8	2225	1	1	2.23	0.9
	⑦	6000	HRB400	8	6000	11	11	66.00	26.1
	⑧	5750	HRB400	8	5750	1	1	5.75	2.3
合计质量		φ6:13.8kg				Φ8:96.4kg			

注：φ6 钢筋 0.222kg/m；Φ8 钢筋 0.395kg/m。

四、检查与评估

首先小组成员之间交互检查、对比各自所提交的现浇板钢筋配料单，并与图纸信息和标准配筋构造进行比对，检查对现浇板钢筋翻样的掌握程度。然后小组提交最为满意的现浇板钢筋翻样成果，教师进行检查与点评，通过查漏补缺，不断提高现浇板施工图识读能力、对配筋构造的应用能力和钢筋翻样能力。

通过任务训练，培养严谨治学、精益求精的工匠精神、团队协作的精神和依法依规的科学态度。

任务 4 剪力墙墙身钢筋翻样

一、任务要求

从"××××经济适用住房"剪力墙平面布置图中任选一面墙身，在读懂其施工图并明确其施工构造的基础上，对该墙身的水平、竖向分布筋和拉筋进行下料长度计算，并填制该墙身的钢筋配料单。

二、资讯

以标高－3.300～±0.000 剪力墙中②轴上 Q-6（结施-4）的钢筋翻样为例。

1. Q-6 图纸信息

Q-6 墙身厚度为 200mm，墙身钢筋有 2 排，水平分布筋及竖向分布筋均为Φ12@300，墙身拉筋为 φ6@600。地下室层高 3300mm，±0.000 处现浇板厚 120mm。

Q-6 位于地下室室内，按二 a 类环境考虑，混凝土保护层厚度取 20mm。

2. Q-6 配筋构造

（1）Q-6 插筋构造见图 4.1.12。

（2）Q-6 地下层配筋构造见图 4.1.13。

三、决策、计划与实施

在读懂墙身结构施工图并明确其配筋构造的基础上，完成某一面墙身的钢筋翻样任务。

→ 示例：Q-6 钢筋翻样

1. 插筋段钢筋翻样

（1）绘抽筋图，计算并标注几何尺寸（图 4.1.14）。

①筋尺寸计算：

弯折段长度＝15d＝15×12＝180（mm）（写于钢筋外侧）

平直段长度＝1500－65＋540＝1975（mm）（写于钢筋外侧）

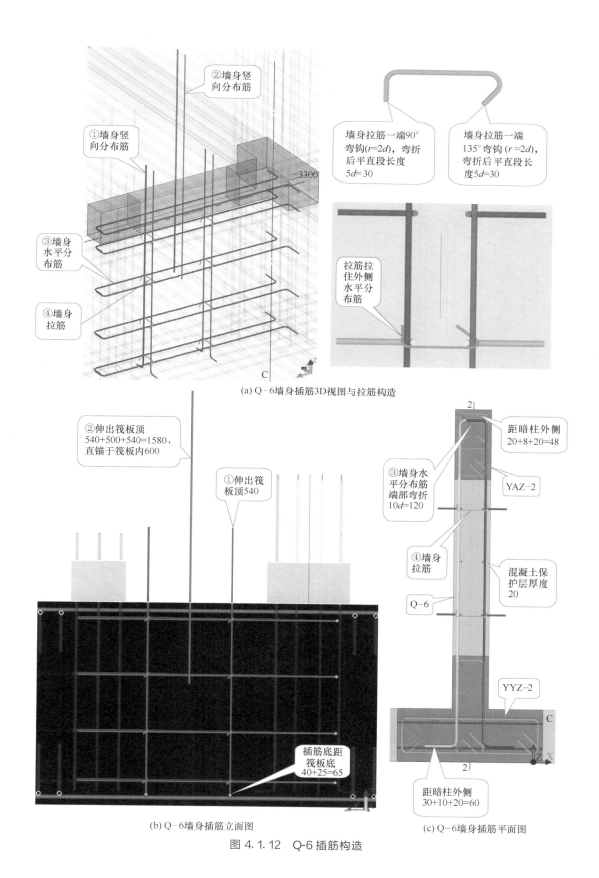

②墙身竖向分布筋

①墙身竖向分布筋

墙身拉筋一端90°弯钩(r=2d)，弯折后平直段长度5d=30

墙身拉筋一端135°弯钩(r=2d)，弯折后平直段长度5d=30

③墙身水平分布筋

④墙身拉筋

拉筋拉住外侧水平分布筋

(a) Q-6墙身插筋3D视图与拉筋构造

②伸出筏板顶540+500+540=1580，直锚于筏板内600

①伸出筏板顶540

距暗柱外侧20+8+20=48

③墙身水平分布筋端部弯折10d=120

YAZ-2

④墙身拉筋

混凝土保护层厚度20

Q-6

YYZ-2

插筋底距筏板底40+25=65

距暗柱外侧30+10+20=60

(b) Q-6墙身插筋立面图

(c) Q-6墙身插筋平面图

图4.1.12 Q-6插筋构造

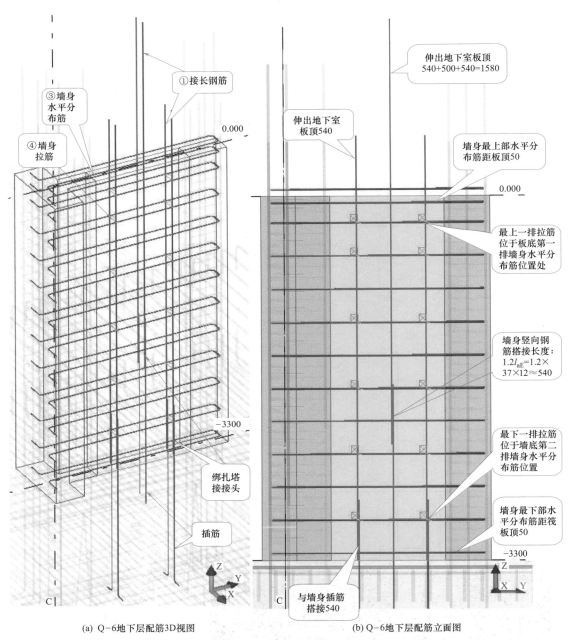

(a) Q-6地下层配筋3D视图　　　　　(b) Q-6地下层配筋立面图

图 4.1.13　Q-6 地下层配筋构造

②筋尺寸计算：

无弯折，平直段长度＝1580＋600＝2180（mm）

③筋尺寸计算：

T 形翼墙中弯折段长度＝15d＝15×12＝180（mm）（写于钢筋外侧）

暗柱中弯折段长度＝10d＝10×12＝120（mm）（写于钢筋外侧）

平直段长度＝1800＋200－60－48＝1892（mm）

④筋尺寸计算：

墙身拉筋外包尺寸＝200－（20＋20）＝160（mm）

（2）下料长度计算

1）纵筋下料长度计算

①筋下料长度计算：$L_① = 180 + 1975 - 2.07 \times 12 \approx 2135$（mm）

②筋下料长度计算：$L_② = 2180$（mm）

③筋下料长度计算：$L_③ = 180 + 1892 + 120 - 2.07 \times 12 \times 2 \approx 2145$（mm）

2）墙身拉筋下料长度计算

由式（4.0.10），$L_④ \approx b - 2c + 13.82d = 160 + 13.82 \times 6 \approx 245$（mm）

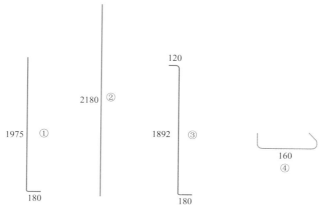

图 4.1.14　抽筋图（一）

（3）填制 Q-6 插筋段钢筋配料单（表 4.1.6）。

表 4.1.6　Q-6 插筋段钢筋配料单

构件名称	钢筋编号	简图	钢筋级别	直径/mm	下料长度/mm	单件根数/根	合计根数/根	合计长度/m	质量/kg
Q-6（计1件）	①	180 1975	HRB400	12	2135	4	4	8.54	7.58
	②	2180	HRB400	12	2180	2	2	4.36	3.87
	③	180 120 1892	HRB400	12	2145	8	8	17.16	15.24
Q-6（墙身）	④	弯钩平直段长度:30 160	HPB300	6	245	8	8	1.96	0.44
合计质量			Φ 12:26.69kg				ϕ 6:0.44kg		

注：Φ 12 钢筋 0.888kg/m；ϕ 6 钢筋 0.222kg/m。

2. Q-6 地下层段钢筋翻样

Q-6 地下层段墙身水平分布筋与拉筋的翻样方法与插筋段相同，竖向分布筋的接长钢筋只是接头错开，下料长度相同，故可仅计算竖向接长钢筋下料长度。

（1）绘抽筋图，计算并标注几何尺寸（图 4.1.15）

3840
①

图 4.1.15　抽筋图（二）

①筋尺寸计算：

平直段长度＝3300＋540＝3840（mm）（写于抽筋图中）

（2）下料长度计算

①钢筋无弯折，故 $L_①$＝3840mm

（3）填制 Q-6 地下层段钢筋配料单（表 4.1.7）

表 4.1.7 Q-6 地下层施工段钢筋配料单

构件名称	钢筋编号	简图	钢筋级别	直径/mm	下料长度/mm	单件根数/根	合计根数/根	合计长度/m	质量/kg
Q-6（计1件）	①	3840	HRB400	12	3840	6	6	23.04	20.46
	③	120 1892 180	HRB400	12	2145	24	24	51.48	45.71
	④	160 弯钩平直段长度:30	HPB300	6	245	12	12	2.94	0.65
	合计质量		Φ12:66.17kg				ϕ6:0.65kg		

注：Φ12 钢筋 0.888kg/m；ϕ6 钢筋 0.222kg/m。

四、检查与评估

首先小组成员之间交互检查、对比各自所提交的剪力墙墙身钢筋配料单，并与图纸信息和标准配筋构造进行比对，检查对剪力墙墙身钢筋翻样的掌握程度。然后小组提交最为满意的剪力墙墙身钢筋翻样成果，教师进行检查与点评，通过查漏补缺，不断提高剪力墙施工图识读能力、对配筋构造的应用能力和钢筋翻样能力。

通过任务训练，培养严谨治学、精益求精的工匠精神、团队协作的精神和依法依规的科学态度。

计算机辅助钢筋翻样

任务　利用软件进行钢筋翻样

一、任务要求

软件翻样代替手工翻样已成必然。请利用"平法钢筋软件 G101. CAC"对本模块"项目1　基本构件钢筋翻样"中涉及的结构基本构件进行计算机辅助钢筋翻样，并将计算机辅助钢筋翻样成果与手工翻样成果进行比较，分析两者的不同之处。

> 🔧 **特别提示**
>
> 　　1. 建筑信息化浪潮势不可挡，计算机辅助钢筋翻样已成为时代潮流，但手工翻样的基本功必不可少。
>
> 　　2. 目前市场上钢筋翻样软件主要有 E 筋钢筋翻样软件、广联达钢筋翻样软件、鲁班钢筋翻样软件及平法钢筋翻样软件 G101. CAC（以下简称 G101. CAC 软件）等。其中 G101. CAC 软件由中国建筑标准设计研究院研发，系统以钢筋工程施工中的钢筋抽样、弯曲加工、钢筋断料等主要工序为目标，以简单易懂的操作方法帮助用户录入施工图信息。在用户完成工程信息的输入后，系统可进行自动计算，完成构件钢筋的大样生成、工程量统计、钢筋加工及优化断料等工作。本书基于 G101. CAC 软件介绍计算机辅助钢筋翻样方法。

二、资讯

以"××××电缆生产基地办公综合楼"标高−0.100 结构层中的 KL6（结施 6/13）计算机辅助钢筋翻样为例。

1. KL6 图纸信息

请参阅本模块"项目1　基本构件钢筋翻样"的"任务2　梁钢筋翻样"。

2. KL6 配筋构造

请参阅本模块"项目1　基本构件钢筋翻样"的"任务2　梁钢筋翻样"。

三、决策、计划与实施

利用 G101. CAC 软件完成本模块"项目1　基本构件钢筋翻样"中涉及的结构基本构件的钢筋翻样任务。

首先应读懂结构及其基本构件的施工图并明确其配筋构造，然后利用 G101. CAC 软件完成基本构件的钢筋翻样任务。

→ **示例：** KL6 计算机辅助钢筋翻样

G101. CAC 软件钢筋翻样的操作步骤如下。

（1）打开平法钢筋软件 G101. CAC，输入相关工程信息（图 4.2.1）。

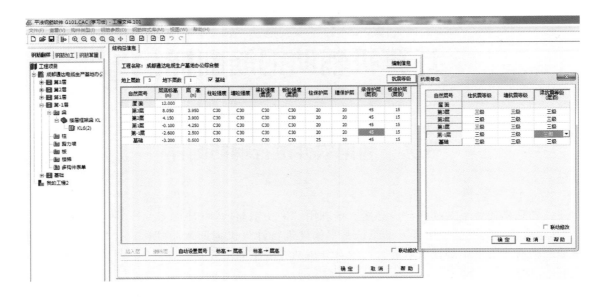

图 4.2.1　工程信息输入

（2）新建地下层 KL6（图 4.2.2）。

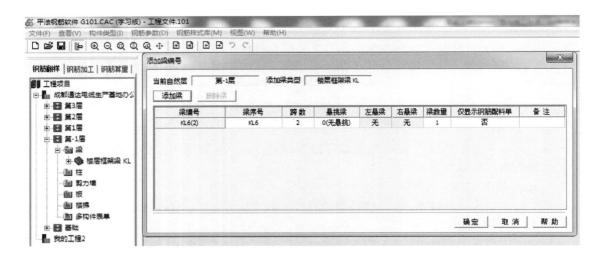

图 4.2.2　地下层 KL6 基本信息输入

（3）输入 KL6 几何信息、集中标注信息、原位标注信息及施工构造设定（图 4.2.3）。设定完成后点击"钢筋计算"，完成钢筋下料计算。

（4）点击三维显示，3D 观察 KL6 配筋及施工构造（图 4.2.4）。

（5）点击"钢筋配料单"，显示 KL6 的钢筋配料单（图 4.2.5）。

（6）点击"数据反转"，显示 KL6 配筋信息及施工构造（图 4.2.6）。

（7）点击"钢筋位置示意图"，显示钢筋在 KL6 中的位置（图 4.2.7）。

二维码 4.2

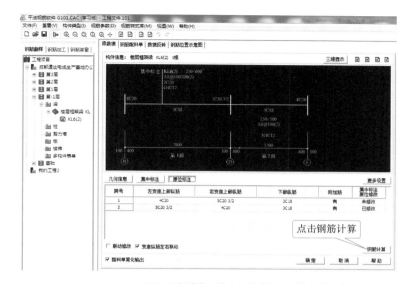

(a) KL6几何信息、集中标注信息、原位标注信息

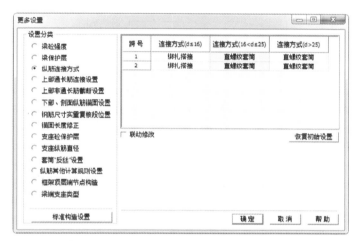

(b) KL6施工构造设定

图 4.2.3　KL6几何信息、集中标注信息、原位标注信息及施工构造设定

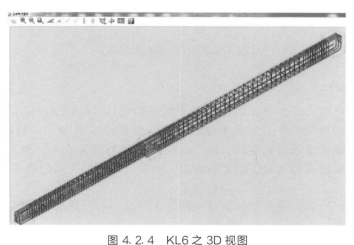

图 4.2.4　KL6之 3D 视图

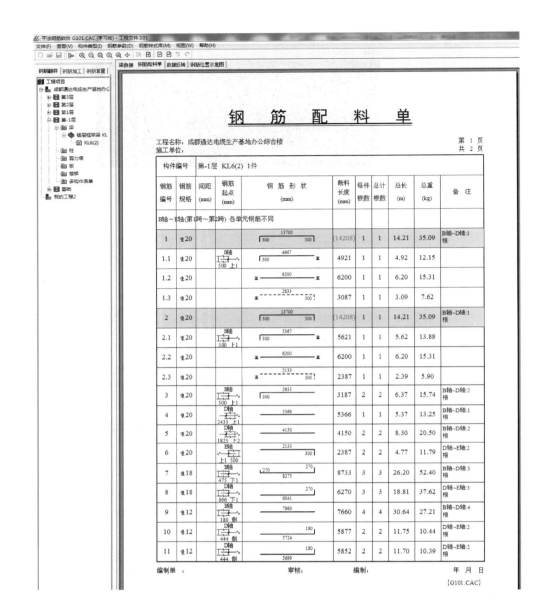

图 4.2.5 KL6 钢筋配料单

四、检查与评估

首先小组成员之间交互检查、对比各自所提交的 G101.CAC 软件钢筋配料单，并与图纸信息和标准配筋构造及手工翻样成果进行比对，检查对 G101.CAC 软件进行钢筋翻样的掌握程度。然后小组提交最为满意的 G101.CAC 软件钢筋翻样成果，教师进行检查与点评，通过查漏补缺，不断提高结构施工图识读能力、对配筋构造的应用能力和计算机辅助钢筋翻样能力。

通过任务训练，培养严谨治学、精益求精的工匠精神、团队协作的精神和依法依规的科学态度。

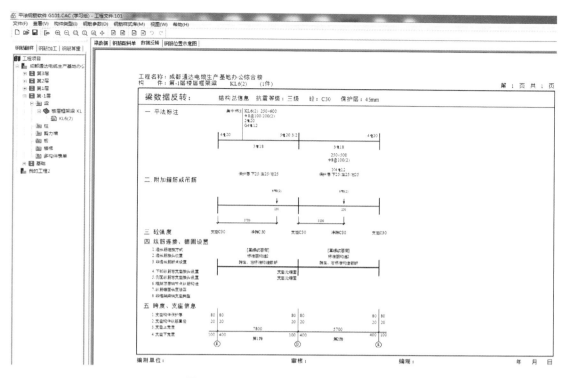

图 4.2.6　KL6 配筋信息及施工构造

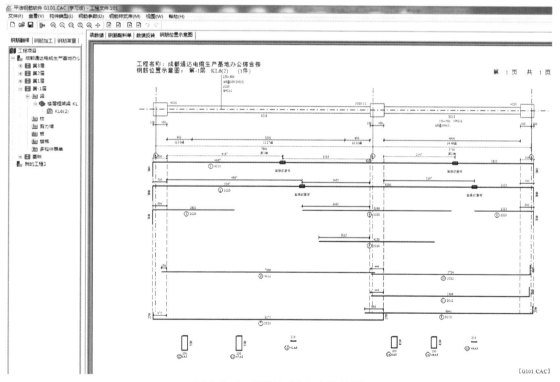

图 4.2.7　钢筋在 KL6 中的位置

小结

　　钢筋翻样是一项技术含量很高的工作，需要在正确地识读结构施工图、灵活应用配筋构造的基础上，基于钢筋下料长度计算规则，结合现场施工条件才能够顺利完成。

　　手工钢筋翻样的基本功必不可少，但计算机辅助钢筋翻样已成为时代潮流，应具备利用钢筋翻样软件进行钢筋翻样的能力。

自测与训练

　　请登录"浙江省高等学校在线开放课程共享平台"（网址：www.zjooc.cn），加入课程学习，在线完成自测与训练任务。

参 考 文 献

［1］ 中国建筑标准设计研究院. 混凝土结构施工图平面整体表示方法制图规则和构造详图（现浇混凝土框架、剪力墙、梁、板）：22G101-1. 北京：中国计划出版社，2022.

［2］ 中国建筑标准设计研究院. 混凝土结构施工图平面整体表示方法制图规则和构造详图（现浇混凝土板式楼梯）：22G101-2. 北京：中国计划出版社，2022.

［3］ 中国建筑标准设计研究院. 混凝土结构施工图平面整体表示方法制图规则和构造详图（独立基础、条形基础、筏形基础、桩基础）：22G101-3. 北京：中国计划出版社，2022.

［4］ 中国建筑标准设计研究院. 混凝土结构施工钢筋排布规则与构造详图（现浇混凝土框架，剪力墙、梁、板）：18G901-1. 北京：中国计划出版社，2018.

［5］ 中国建筑标准设计研究院. 混凝土结构施工钢筋排布规则与构造详图（现浇混凝土板式楼梯）：18G901-2. 北京：中国计划出版社，2018.

［6］ 中国建筑标准设计研究院. 混凝土结构施工钢筋排布规则与构造详图（独立基础、条形基础、筏形基础、桩基础）18G901-3. 北京：中国计划出版社，2018.

［7］ 中国建筑标准设计研究院. G101系列图集常见问题答疑图解：17G101-11. 北京：中国计划出版社，2017.

［8］ 中华人民共和国住房和城乡建设部. 混凝土结构通用规范：GB 55008—2021. 北京：中国建筑工业出版社，2021.

［9］ 中华人民共和国住房和城乡建设部. 混凝土结构设计规范（2015年版）：GB 50010—2010. 北京：中国建筑工业出版社，2015.

［10］ 张宪江. 建筑结构. 2版. 北京：化学工业出版社，2021.

［11］ 中华人民共和国住房和城乡建设部. 建筑抗震设计规范（2016年版）：GB 50011—2010. 北京：中国建筑工业出版社，2016.

［12］ 中华人民共和国住房和城乡建设部. 混凝土结构工程施工质量验收规范：GB 50204—2015. 北京：中国建筑工业出版社，2015.

［13］ 北京土木建筑学会. 钢筋工现场施工处理方法与技巧. 北京：机械工业出版社，2009.

［14］ 茅洪斌. 钢筋翻样方法及实例. 北京：中国建筑工业出版社，2010.

［15］ 张军. 钢筋翻样与加工实例教程. 南京：江苏科学技术出版社，2013.